U0464504

低碳智慧供热工程技术

姚国鹏 钟崴 周贤 白烨 蔡浩飞 彭烁 编著

中国电力出版社
CHINA ELECTRIC POWER PRESS

内容提要

本书对低碳智慧供热工程技术进行了详细阐述，主要包括供热系统概述和低碳转型路径、城镇供热系统智慧供热技术、含长输供热的城镇供热系统多热源联网调度优化技术、城镇供热系统储热技术、消纳可再生能源的新型供热系统技术等方面的内容，并针对长输管网、一级网和二级网的供热技术进行了详细阐述，对储热技术和新型供热系统技术进行了探索性的分析，举要治繁，方便读者进行查阅。

本书以实用性技术为重点，避开冗繁的理论推导及计算过程，提供了较为丰富的图表与公式，以满足工程实际需求。

本书可供从事供热行业相关工作的管理、技术人员及对供热技术感兴趣的人员查阅和参考，也可作为相关专业的大专院校师生了解供热工程技术的参考资料。

图书在版编目（CIP）数据

低碳智慧供热工程技术 / 姚国鹏等编著 . — 北京：中国电力出版社，2025.2
ISBN 978-7-5198-8494-9

Ⅰ.①低⋯　Ⅱ.①姚⋯　Ⅲ.①供热系统－节能　Ⅳ.① TU833

中国国家版本馆 CIP 数据核字（2023）第 253820 号

出版发行：中国电力出版社
地　　址：北京市东城区北京站西街 19 号（邮政编码 100005）
网　　址：http : //www.cepp.sgcc.com.cn
责任编辑：赵鸣志（010-63412385）　杨芸杉
责任校对：黄　蓓　朱丽芳
装帧设计：郝晓燕
责任印制：吴　迪

印　　刷：三河市万龙印装有限公司
版　　次：2025 年 2 月第一版
印　　次：2025 年 2 月北京第一次印刷
开　　本：787 毫米 × 1092 毫米　16 开本
印　　张：11.5
字　　数：210 千字
印　　数：0001—1000 册
定　　价：68.00 元

序 言

自春秋战国以来，煤炭的开采和利用照亮了华夏数千年的璀璨文明，到如今，我们已经处在一个由化石燃料和清洁能源为支柱，可再生能源优先发展的综合能源时代。

一直以来，我们在对能源的需求与对环境的保护之间，存在着一种天然的矛盾。如何在这样的背景下找到平衡点，是每一位从事这一领域研究的工作者都需要思考和探索的问题。集中供热过去主要依靠煤炭，但未来的低碳智慧供热将不仅仅局限于煤炭，大规模清洁可再生能源的利用、跨领域电与热的协同互补、智慧化手段与管理思维带来的系统性提质增效，都将为未来的低碳智慧供热带来新的机遇与发展。从马克思主义角度来看，新旧事物相互区别的根本标志在于，它们是否同历史发展的必然趋势相符合。通过积极开展技术变革，我国的供热系统可以兼顾传统能源与新能源，实现平稳有序发展，如通过煤炭的地下气化实现供热与发电的兼顾就是一个极具潜力的新技术，可为新型能源体系提供坚强支撑。

本书对低碳智慧供热技术的发展历程和关键技术进行了详细剖析，阐述了新型供热系统"源－网－荷－储"的运行优化技术，并提出采用智慧化、数字化手段去达成新型供热系统的低碳、清洁、高效、安全目标，并通过剖析典型案例为我国北方城镇智慧供热的关键共性技术问题提供解决思路与技术方案。

低碳智慧供热不仅仅是一个技术问题，更是一个涉及社会、经济、环境的系统工程问题。对于年轻的从业者和研究者，通过本书不仅可以获得一个宏观的视角，看到供热技术在全球能源转型和中国新型能源体系中的重要地位，还可以看到供热行业服务我国国民经济与民生保障的关键地位，从而开展瞄准国家与行业需求的研究。愿本书能为供热领域的研究者和从业者提供有益的参考，也为低碳智慧供热的未来发展铺设道路。学术与工程实践从来都不是坦途，但我相信你们通过阅读本书并开展实践和探索，一定能找到真正适合中国国情的低碳智慧供热模式。

2024 年 8 月

热是人类在自然界中能感受到的一种状态。热不仅为我们提供了温暖舒适的环境，还为城市的运转和产业的发展提供了有力的支持，其重要性不言而喻。热在一定的环境下给人类带来舒适的温度则称之为暖。冬季取暖也是人类亘古不变的话题，传统的供热系统在满足基本需求的同时，也带来了能源供应不稳定、能源浪费、环境污染等问题。这些问题迫使我们重新思考如何设计和运营供热系统，以实现热能的高效、环保供应和可持续利用。

2020年9月22日，国家主席习近平在第七十五届联合国大会上宣布碳达峰、碳中和的发展目标。2021年10月，国务院制定了《2030年前碳达峰行动方案》，方案提出，"十四五"期间，产业结构和能源结构调整优化取得明显进展，重点行业能源利用效率大幅提升，新型电力系统加快构建，绿色低碳技术研发和推广应用取得新进展，到2025年，非化石能源消费比重达到20%左右；"十五五"期间，产业结构调整取得重大进展，清洁低碳安全高效的能源体系初步建立，绿色低碳技术取得关键突破，到2030年，非化石能源消费比重达到25%左右，顺利实现2030年前碳达峰目标。由此看出，"十四五"时期我国生态文明建设进入了以降碳为重点的战略方向，低碳智慧供热技术应运而生。

低碳智慧供热是涉及"源－网－荷－储"多专业多学科的先进技术，已有大量学者或企业技术人员开展理论研究和应用研究，但是相关的技术专著却相对较少，这使得许多对该领域感兴趣的读者缺乏权威且详尽的参考书籍，制约了低碳智慧供热技术的进一步发展和应用。现有的关于低碳智慧供热技术的文献多散见于各类学术论文和报告，这些文献往往缺乏系统的阐述和深入的技术解析，这使得读者难以全面理解低碳智慧供热技术的内涵和应用价值，也难以把握该领域未来的发展趋势。

为了解决上述问题，由中国华能集团清洁能源技术研究院有限公司和浙江大学有关专家和技术人员联合编写了本书。全书分为五章，从概述和低碳转型路径开始，到城镇供热系统的智慧化、多热源联网调度优化、储热技术，以及可再生能源的整合，多角度深入阐述了低碳智慧供热技术。通过这些章节，读者将了解如何通过科学、创新和技术应用，实现供热系统的低碳、高效和可持续发展。

本专著的编写得益于众多专家和研究人员的宝贵经验和知识贡献。旨在为供热系统领域的政策制定者、学者、从业人员和学生提供一份重要的参考资料，以帮助他们更好地理解和应用低碳智慧供热工程技术，激发读者对低碳智慧供热工程技术的兴趣和热情。

在撰写本书的过程中，编者力求将理论与实践相结合，尽可能提供详尽的数据和案例支持。同时，编者也充分参考了国内外相关领域的最新研究成果和经验，希望能为读者提供最新的信息和启示。当然，由于低碳智慧供热技术仍处于高速发展阶段，本书可能存在不足之处。在此，编者诚挚地希望读者能够提出宝贵的意见和建议，以便在未来的研究和应用中不断完善和提高。

作者

2024 年 8 月

目　录

1 供热系统概述和低碳转型路径

1.1 供热系统发展概述

随着我国城市化建设的不断加快以及社会经济的快速发展，城市能源消费占全社会能源消费的比例逐渐增大。城市的转型升级伴随着人民生活水平的日益提高，供热系统作为我国北方各城镇冬季不可或缺的基础性系统工程，其供热能效的提高对于城市的能源转型和可持续发展具有深远的意义。

从供热面积来看，据清洁供热产业委员会不完全统计，截至 2021 年底，我国北方地区供热总面积 225 亿 m^2（城镇供热面积 154 亿 m^2，农村供热面积 71 亿 m^2），其中，清洁供热面积 158 亿 m^2，清洁供热率超过 70%，并且仍然保持着增长的趋势。而从能源消耗以及排放量来看，北方城镇供暖能耗约为 2.01 亿 t 标煤，占城市建筑总能耗的 21%。因此，供热系统的节能减排和高效运行具有很大潜力，并且对建筑节能以及社会面减碳可以起到重要助推作用。

能源是国家的命脉所在，一直是关乎世界各国经济发展和民众生活的重要议题。进入 21 世纪以来，全球经济快速发展，能源消费持续增加。2021 年全球一次能源消费量 595.15 EJ，二氧化碳排放量 338.841 亿 t。我国作为全球人口最多的国家，GDP 总量已跃居世界第 2 位，一次能源消费量全球占比达 26%，二氧化碳排放量全球占比达 31%，我国已连续 20 年成为全球一次能源消费和二氧化碳排放的主要来源。面对日趋严峻复杂的国际和国内能源形势，构建清洁低碳安全高效的能源体系，控制化石能源总量，着力提高能源利用效率是实现"碳达峰""碳中和"目标的重要途径。

供热系统是指对一定区域内的建筑物群，由一个或多个能源站集中制取热水或蒸汽等热媒，通过区域管网提供给最终用户，实现用户制热要求的系统。目前我国北方城镇主要采用集中供热模式，由一级网上处于不同地理位置的各种类型的热源产生热水，如热电联产、生物质锅炉、燃气锅炉等，然后由闭式循环的一级热水管网将热源输出的热能输配到数十、数百乃至上千个热力站。集中供热模式的结构示意图如图 1-1 所示。在热力站内部，一级网和二级网之间的传热过程在板式热交换器和辅助部件中进行。热力站主要作为一级网和二级网之间的中间换热站，主要由换热器、调控阀门、水泵以及热工测量设备组成。一级网内的高温供热水与二级网内的低温回水在热力站中换热。经过换热后的一级网回水在循环泵的作用下返回热源，同时加热后的二级网供水由二级网输配至需求侧的建筑物。大型供热系统运行过程中，自热源输出的热水在一级管网内需要经过数小时（通常为 2 ~ 6h）的流动才能到达远端热力站，表现为突出的温度传输延迟特性。同时，由于管网自身庞大的容积空间具有管存蓄热能力，且建筑物也是巨大的蓄能体，导致供热系统的升温和降温具有数十分钟至数小时的热响应惯性。供热系统运行中，不仅需要依据天气变化调度各热源的生产负荷，还需要调

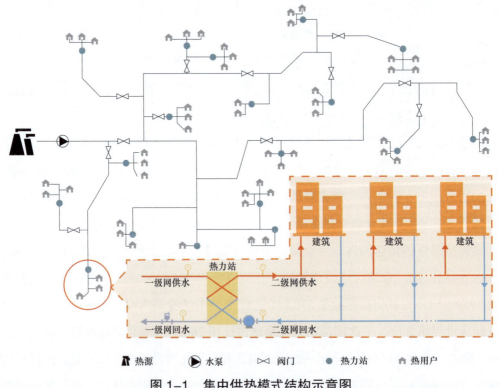

图 1-1　集中供热模式结构示意图

控热网中各泵、阀的工作点状态组合，以保证大规模供热系统安全、均衡、高效地向诸多建筑物输送热能。在供热系统一级网建模仿真方面，国内外软件有 Termis、Flowra32、viHeating® 等产品。其中，viHeating® 是浙江英集动力科技有限公司自主研发的专业建模仿真软件，已成功应用于我国多个供热面积超千万平方米的城市级供热系统。

以往，我国供热系统的热源侧主要采用可主动调度燃料的热电联产（CHP）机组和尖峰热水锅炉供热，运行调控的主要方法是：在采暖季前，基于仿真模型分析制定不同天气条件下热源侧的负荷调度预案，确定各热源输出热水的温度及流量参数，以及对应的供热系统运行方式；在运行中，主要由运行人员凭经验手动建立水力平衡，再基于反馈控制逻辑跟踪二级网的供、回水温度，分别调控各热力站内的一级网增压泵或节流阀以保持水力平衡。实际运行中，实时调节水力平衡对硬件条件和技术条件的要求都较高。所以调控人员通常在数天至数十天长的阶段内采用"定量（流量）调质（温度）"的方法或者周期性的质量并调来降低调控难度。然而，供热系统的运行过程具有大规模、高延迟、强耦合、多约束和非线性的固有技术特点。基于人工经验的传统调控方式不足以快速响应供需负荷的波动，造成巨大的供热损失。据统计，集中供热二级网冷热不均和过量供热产生的热损失约占总损失的30%。我国北方地区部分城市过量供热损失，普遍在10%~20%。在清洁能源生产及能源提质增效的迫切需求驱动下，我国供热系统的形态结构及运行模式呈现出如下发展趋势：在热源供给侧，我国正加速淘汰中小型分散燃煤锅炉，采用大机组供热改造替代，实行集中供热高效管理运行。供能方式上也具有更多元化的选择，维持清洁燃煤供热机组基础性地位的同时，正在大力推进工业过程余热供热、生活垃圾及生物质能供热，并在积极研究风能电热锅炉供热、太阳能供热、核电供热等新技术。特别是在"碳中和"目标的牵引下，可再生能源的比例还将不断提高。由于其中的清洁型热源多数具有不确定性和波动性特征，技术上需要多个热源间的互补协同运行。在热网输运侧，为确保供热的灵活可靠运行，供热系统逐步向互联、成环的结构发展，以支撑多源互补运行，积极发展长距离供热，充分联结城市外围大型机组富余电能转化为热能，从而扩大集成供需资源要素的范围。同时，为减少供回水管网之间阀门的节流损失，增加调节灵活性，多采用分布式变频泵调节热网输配。在负荷侧，由于热计量收费、分布式天然气冷热电三联供、增热型吸收式热泵等技术的应用，带来了非天气因素的负荷不确定性。此外，大规模相变储热技术的成熟和工程应用，给供热系统的"削峰填谷"带来了技术可能。

未来，越来越高份额的可再生能源的接入，包含供热系统在内的多能流耦合的城市能源系统灵活性将会面临前所未有的挑战。对于供热系统灵活性提升的研究亟须深入,通过充分协调系统内部不同环节的灵活资源,对局部能流输运阻塞进行弥补,释放系统灵活性,为能源系统的转型一直注入新的力量。将供热管网拓扑信息、系统水力-热力运行工况以及人工智能、大数据技术相结合的按需精准智慧供热系统成为供热领域内的重要研究方向。面向碳中和战略目标,如何实现供热系统的低碳化转型将成为重中之重。

1.2 供热系统低碳转型路径

气候变化作为一种新型的全球性问题和全球面临的最严峻问题之一,几乎影响着经济社会发展的方方面面,也是21世纪全球治理中的一个关键问题。以1992年联合国大会通过《联合国气候变化框架公约》(UNFCCC)为标志,全球气候治理启动了应对气候变化的合作进程,开启了全球气候治理的新阶段。在《巴黎协定》实施的现阶段,越来越多的国家提出了碳中和战略,作为21世纪中叶的长期减排目标。截至2023年,已有130多个国家和地区承诺实现净零或碳中和目标,119个国家提交了新的或更新的国家自主贡献(NDCs),引领全球进入碳中和时代。

2018年,联合国政府间气候变化专门委员会(IPCC)发布《全球升温1.5℃特别报告》,将碳中和定义为:在一定时期内全球人为二氧化碳去除量与人为排放量相抵,实现净零排放碳中和是有效控制全球气温快速上升、促进向绿色能源利用转型、推动绿色低碳技术进步的重要途径。它是世界经济发展和增长的新动力。实现碳中和将改善人类居住的地球生态环境,减少人类活动带来的环境问题。2019年,世界卫生组织(WHO)宣布,空气污染和气候变化是全球十大最严重的健康威胁之一。碳中和将推动人类能源系统走向绿色、低碳、无碳,用无碳新能源取代高碳化石能源,在新能源产业创造更多就业岗位,推动GDP的上升。预计到2050年,全球能源系统低碳转型的年均投资将超过2.95万亿美元,累计投资将超过100万亿美元,提供超过3亿个就业岗位。碳中和不仅仅是能源科学的重大理论研究问题,也是关系到人类利用能源和地球生态系统可持续发展的重大现实问题。碳中和已经是全人类共同追求的目标与重要抱负,全球都在朝着这一个目标不断努力并推出相应的政策和科技举措。

1.2.1 低碳供热碳中和政策与举措

实现碳中和的目标需要全世界的共同努力。碳中和目前已成为全球共识,迄今已有120多个国家提出了碳中和目标。其中,苏里南和不丹分别于2014年和2018年实现碳中和，进入负碳排放时代；芬兰提出到 2035 年实现碳中和目标；乌拉圭承诺到 2030 年成为碳中和国家；新加坡宣布将在 21 世纪下半叶尽早实现碳中和目标；冰岛和瑞典则分别宣布将在 2040 年和 2045 年实现碳中和；英国、法国、德国、丹麦、哥斯达黎加、爱尔兰、新西兰、南非和韩国承诺到 2050 年实现碳中和。越来越多的国家和地区积极响应全球气候变化挑战，制定了一系列政策措施，加快推进碳中和的实现。

美国政府在 2021 年 1 月，美国总统拜登上任后宣布美国重返《巴黎协定》，随后拜登政府提出了一系列针对碳减排的计划，包括减少美国温室气体排放 50%~52% 的目标，在 2035 年前实现电力 100% 碳中和的目标等。欧盟在 2019 年宣布了一项名为"欧洲绿色新政"的气候变化新政策，旨在到 2050 年实现碳中和的目标。根据欧盟提出的 15 年转向有竞争力的低碳经济路线图，欧盟承诺到 2030 年将其国内碳排放总量减少 60%，到 2040 年减少 80%，到 2050 年减少 78%，目的是使欧洲走向更清洁和气候友好的道路。25% 的城市有碳减排目标，16% 的城市有实现碳中和的雄心。然而，欧盟实现碳中和仍然面临以下问题：大量的资本投资、困难的技术突破和社会公平。2021 年 5 月 26 日，日本国会参议院正式通过修订后的《全球变暖对策推进法》，以立法的形式明确了日本政府提出的到 2050 年实现碳中和的目标。日本将从根本上调整煤电政策，加强可再生能源技术和碳循环技术应用等关键技术领域的研究。时任韩国总统文在寅承诺到 2050 年实现碳中和，作为世界上最依赖化石燃料的经济体之一，韩国将通过使用更多的可再生能源而不是传统燃料，投资清洁能源，电动汽车和环境基础设施，逐步实现其碳中和目标。

自 2006 年以来，中国已成为世界上最大的碳排放国，2020 年产生了 $10.67 \times 10^9 t$ 的 CO_2，占全球总数的 30.65%。2020 年 9 月，中国政府宣布力争 2020 年前碳达峰，2060 年前实现碳中和。中国积极地履行自己的责任，是全球碳中和的践行者、贡献者和引领者。2021 年 3 月 15 日，在中央财经第九次会议上，我国明确将碳达峰、碳中和纳入"十四五"生态文明建设总体布局。这表明中国已将碳中和置于国家发展战略的重要位置。此外，中国在"十三五"期间应对气候变化方面取得了显著成就。截至 2022 年底，温室气体排放强度得到有效控制，比 2020 年下降 18.2%，比 2015 年下降 48.1%。此外，重点领域节能工作稳步推进，新能源汽车使用快速增长。国家低碳省区和低碳城市试点，以及深化气候适应型城市建设顺利启动，为中国未来实现碳中和目标、提升全球适应气候变化能力贡献中国方案。

"十四五"时期，我国已转向高质量发展阶段正处于转变发展方式，优化经济结构、转换增长动力的攻坚期。为实现"双碳"目标，我国各省市相继提出碳达峰、碳中和行动计划，并从能源、产业结构、金融、交通、建筑、科技、生态等方面出台相关政策。以上海为例，上海通过调整能源结构、提供清洁能源、回收利用垃圾、降低建筑能耗等方式，与碳中和目标保持同步。此外，国家发展和改革委员会、国务院其他部委、国有企业、民营企业也纷纷提出碳中和方案，制定了相关路径。这些部委主要包括交通运输部、住房和城乡建设部、生态环境部；国有企业包括中国石油天然气集团公司、中国石化集团和中国五大发电集团；民营企业有华为投资控股有限公司、蚂蚁金服集团、腾讯等。2019 年，中国政府宣布了在 2060 年前实现碳中和的目标。该目标意味着中国将在 2050 年前将其温室气体排放浓度减少到零水平，并同时减少碳排放。为了实现这个目标，中国政府进一步加强了以煤炭为主的能源结构转型，并扩大了先进制造、新能源、节能环保等领域的投资。

中国政府实施了一系列促进碳减排的法规和政策。例如，《能源发展战略行动计划》提出，到 2025 年，20% 的能源比重将来自非化石能源。《上海市实施能源发展战略纲要的若干条规定》要求，到 2020 年，上海市的非化石能源比重将达到 20%。《福建省实施节能与新能源发展战略行动计划》明确，到 2020 年，福建省将增加 500 万千瓦电力产能。中国还在高技术领域推进碳减排，在各大高校及科研机构展开有关能源低碳转型科技新路径的研究。

1.2.2　碳中和新型技术及路径

为实现碳中和目标，首先需要从热源侧进行优化改革，减少生产过程中的碳排放，其次，以减少碳排放为目标，在满足人类生产生活的能源和物质需求的同时，研究与碳减排相关的科学技术，以促进低碳效率的提升，并在社会中形成低碳生活与消费的方式。最后，开发二氧化碳捕获、储存和消碳的高新技术。碳中和技术内涵包括能源清洁利用与低碳替代节能增效的碳减排技术；可再生能源（风能、太阳能、海洋能、地热能）、氢能、先进材料储能、智慧能源、核能、可控核聚变等零碳排放技术；碳捕捉（CCUS）、林业、海洋和土壤碳汇等负碳排放技术；碳税制度等碳经济技术。

为推进中国供热行业向碳中和过渡，目前已有很多更清洁低碳的供热解决方案，例如电供暖、地热供暖、工业余热供暖、清洁可再生能源（生物燃料、太阳能等）供暖，这些新的低碳供热方式将最终取代所有化石燃料。清华大学江亿院士提出，未来北方城镇以余热为主的零碳清洁供热模式，将具备以下几个特征：降低热网回水温度，以高效回收各类余热供热；采用大温差长距离输热和水热同送技术，进行跨区域的余热输送；建设跨季节储热调峰回收利用各类热源全年的余热；通过以上技术，全面充分地回收低品位余热，解决北方城镇供热生产用热需求。为实现供热系统低碳化转型，关键环节之一是热源侧的优化调整。实现低碳供热首先需要合理开发利用余热资源，并结合储热技术解决供热系统时间及空间不匹配的问题。同时通过多种电动热泵方式供热，合理利用地热资源，在零碳供热的路径中，结合余热为热源的集中热网满足各区域供热需求。本节将重点针对工业余热、储热、地热能利用这些低碳转型的典型方式与路径进行详细阐述。

1. 工业余热

余热资源是指在目前条件下有可能回收和重复利用而尚未回收利用的那部分能量，被认为是继煤、石油、天然气和水力之后的第五大常规能源。在工业生产中，经过燃料燃烧或化学反应产生不能再有效或经济利用的热量最终将排放至环境中，而合理利用余热资源可以用于作为供热系统热源，从而减少燃煤和天然气等一次能源的消耗，大大降低供热系统的碳排放，减轻对环境的污染。全面回收、储存和利用工业生产和生活中的各类余热资源，结合新型储热技术可满足建筑全年供暖需求，进而实现余热供热为主的低碳化供热。

目前，我国工业低品位余热资源丰富，主要包括钢铁、有色金属、化工、水泥、建材、石油与石化、轻工、煤炭等行业。余热资源按照来源可分为高温烟气余热、冷却介质余热、废汽废水余热、高温产品和炉渣余热、化学反应余热、可燃废气废液余热和废料余热等六种类型。其中高温烟气余热数量大，分布广，如冶金、化工、建材、机械、电力等行业的各种冶炼炉、加热炉中、内燃机中，且回收容易，因此高温烟气余热约占余热资源总量的50%左右，且回收容易。其次是冷却介质余热，约占余热资源总量的20%，主要是因为工业生产需要大量的冷却介质来保护保温设备。但由于冷却介质的温度一般较低，且大多为水、空气和油，因此冷却介质余热的回收十分困难。此外还有废水、废汽余热，约占余热资源总量的11%，其他的余热类型均在10%以下。

按照温度特性可将余热热源主要分为三个等级，高温（超过650℃），中温（230～650℃）及低温（小于230℃）。高温余热主要应用于钢铁行业、水泥行业及燃料电池行业等。钢铁厂的烧结、炼钢、炼铁和轧钢等工序都有较为集中可用的低品位工业余热，且余热热量巨大。其中，烧结工序中排烟余热，烧结矿成品余热；轧钢工序中的铁渣余热和炉壁循环水余热；炼钢工序中的转炉煤气和净化余热；轧钢工序中的加热炉烟气余热以及发电过程中的乏汽余热等均具有巨大的余热回收潜力。我国水泥行业随着国家经济发展、建筑业市场扩大，其产能持续增长，已位居全球第一，目前已成为世界第一大水泥生产国。水泥生产工业中主要可利用的余热资源包括，炉窑烟气和余热发电环节中的乏汽余热。在合成氨、制酸、烧碱等化工行业中余热资源主要是化学反应过程中放出的热量和加工炉内的烟气余热和设备冷却循环水余热。数据中心运行过程中会产生大量的废热，如果将这部分低品位余热加以收集，用于集中供热，可提高能源适用效率，实现良好的低碳和环保效益。根据全国数据中心地域分布和机架功率，2021 年我国数据中心的机架余热量高达 2.3 亿 GJ。

中温余热主要在汽车运输业、发电行业及玻璃工业等应用。发电行业中，火电占总电量的 77%，发电过程中产生的余热占总量的 20% 以上，锅炉烟气余热回收利用是主要节能减排手段。目前火力发电中最常用的余热回收设备是省煤器，能够节省标准煤当量约 3.85 g/（kW·h）。除此之外还有一些基于传统节能器新型系统的研究，以及纳米多孔陶瓷膜毛细管等新技术，在未来发展中得到关注。中国玻璃工业中大约产生 20% ~ 50% 的工业能源废热损失，玻璃窑炉是玻璃工业能耗最高的热工设备，占总能耗的 80% 以上。研究发现，有机朗肯循环（ORC）是小型玻璃窑炉的最佳选择，其热回收效率和整体热效率分别达到 20.3% 和 38.2%，关于余热回收有在玻璃窑炉的壁上安装热电发电机等低成本高功率的技术。

低温余热总量占全行业余热总量的 15% ~ 23%，但利用率极低，包括石油化工行业，食品加工行业及液化天然气供应行业等。我国石油化工行业余热形式多样，常见废热热源形式包括二甲苯产品、蒸发塔、苯塔、催化过程等。研究发现，基于 ORC 系统的回收利用方案可以有效利用石化工业中的各种废热。石化行业通常使用燃气轮机，产生大量烟气，具有相当大的回收潜力，吸收式冷却器等可有效转化余热满足夏季制冷。此外，天然气由于高热值和低污染的特点，被认为是当前低碳及可持续发展趋势中最有希望的替代燃料，液化天然气包括天然气生产、液化、运输及再气化，是天然气运输供应的重要环节。而由于天然气的相变，大量冷能被释放，耗散大量能源且造成环境污染。对于冷能的回收利用最有效且典型的途径是发电，可利用液化天然气在冷凝器中冷凝，开发冷能回收方法。

从余热资源的介质状态来看，所有行业中的气态余热资源占比最大。其中，蒸汽余热资源占气态余热资源的 75.62%，蒸汽大多为发电乏汽。基于我国余热资源现状分析，低品位的余热发电效率不高，更适用于供热。如何实现余热的采集和转化，利用余热确保热网水满足集中供热的温度需求是余热供热的关键环节。目前，低品位余热的收集和利用技术主要包括换热技术、吸收式热泵技术和电热泵技术等。换热技术为余热采集技术，包括间壁式换热、接触式换热和蓄热式换热，最直接且余热利用效率较高，适用于热源温度高或者热源介质中含尘量大的场景。吸收式热泵技术包括增热型热泵和增温型热泵，可应用于具有可用高温热源，且有产生高温热水或者蒸汽需求的场景。电热泵技术主要是低温、中低温、高温和超高温热泵，可提升热源品位至所需的温度，适用于缺乏可用高温热源的场景中。空气源热泵是典型的电热泵，主要是借助高位能将能量从低位的热源空气流入高位热源的节能装置，为常见的热泵形式之一，从而将难以直接利用的低位热能，比如空气和水以及土壤中包含的热量，均能转换成高位热能。空气源热泵兼具制冷和制热两种功效。在冬季作为供暖设备时，通过热泵技术从室外空气中吸收热量，将此热量传递给热媒循环水，使之温度升高。但空气源热泵供暖运行时受气候条件的影响较大，如室外环境温度、湿度的变化会对系统的制热量、制冷系数以及运行安全性造成不同程度的影响。

2. 储热

充分开发和利用低品位余热资源需要解决产热和用热侧时间上不匹配的关键难题。工业生产过程中产生的余热受生产工艺和市场需求影响，同时时间上也存在较大的波动，而北方供热只在冬季才有需求，其中产生的时间不匹配导致大量余热资源没有得到及时利用，被无效排放，造成了余热资源的浪费。解决余热利用的时间问题的有效方式就是构建跨季节储热，利用大规模的储热使产热和用热过程在时间上解耦，彻底解决这一问题。跨季节储热是面向"双碳"目标，未来供热系统实现低碳化转型所必需的关键环节。跨季节储热可实现各类低品位余热的有效存储，并随时通过换热器进行热量提取，满足全年的用热需求，尤其是在建筑冬季用热时有利于保障供热安全。通过跨季节储热来代替化石能源为燃料的锅炉热源，可以降低供热系统整体的碳排放；可以根据用热负荷的变化从储热池中抽取热量，灵活调节供热热量，从而大大提高供热可靠性。

储能有三种不同机制：显热储存、潜热储存和化学反应/热化学储存。显热储存包括水箱储存和地下储存。地下储存采用的主要方法包括含水层储存和地下土壤储存。潜热储存可相对等温地将热量储存在相变材料中，并且可以提供比显热储存更高的能量密度。化学储存是一种新研究的技术，它通过更大的储能密度允许更紧凑地存储而不会造成热量损失，主要分为吸附和化学反应存储。以下这些内容将在第五章详细阐述。大规模的跨季节储热技术主要包括地埋管储热、水体储热和相变储热等。考虑到长周期储热的散热损失和储热装置的投资成本和经济效益，当储热体体积足够大时，其散热损失相对就很小，单位储能成本越小，经济性越高。目前，丹麦芬兰等北欧国家已经有少量应用，在我国具有广阔应用和市场前景。

3. 地热能

除了工业和生产环节中的余热，我国存在大量的地热资源。与太阳能、风能等相比，地热能作为一种资源丰富且零碳的能源，是实现低碳的重要资源。地热资源根据温度可分为高温地热资源（高于 150 ℃）、中温地热资源（90 ~ 150 ℃）和低温地热资源（低于 90℃）。中国大陆水热型地热能年可采资源量折合 18.65 亿 t 标准煤，并以中低温地热为主，占比达 95% 以上，主要分布在华北、松辽、苏北、江汉、鄂尔多斯、四川等平原（盆地）以及东南沿海、胶东半岛和辽东半岛等山地丘陵地区；高温地热主要分布于西藏、台湾、云南等地区。中国浅层地热能自 20 世纪末起步，目前已位居世界第一，年利用浅层地热能折合 1900 万 t 标准煤，实现供暖（制冷）建筑面积超过 5 亿 m^2，资源遍布全国各地，主要分布在北京、天津、河北、辽宁、山东、湖北、江苏、上海等省市的城区，其中京津冀开发利用规模最大。根据存储形式，地热资源又可分为蒸汽型、水热型、地压型、干热岩型和岩浆型。蒸汽型地热是指在地下储热形式以 200 ~ 240℃干蒸汽为主并掺杂少量其他气体的对流水热系统，其主要特点是直接排放蒸汽，可搭配朗肯循环或闪蒸循环进行发电，利用较为容易，但这类型资源较少，几乎已经全部利用。水热型地热是指在地下储热形式以热水为主的对流水热系统，分为高温及中温。干热岩型是地下普遍存在的没有水和蒸汽的热岩石，提取其中的地热难度很大。据初步估算，中国大陆埋深 3000 ~ 10000m 干热岩型地热能基础资源量约为 2.5×108 亿 GJ，其中埋深在 5500m 以浅的基础资源量约为 3.1×107 亿 GJ。鉴于干热岩型地热能勘查开发难度和技术发展趋势，埋深在 5500m 以浅的干热岩型地热能将是未来 15 ~ 30 年中国地热能勘查开发研究的重点领域。福建、青海、西藏、松辽、海南和湖南的 7 ~ 9 个地区已成为干热岩地热能开发目标，青海省共和盆地已钻探两口以上深部地热井，在共和盆地钻获的干热岩岩性为印支期花岗岩，致密不透水，1600m 以深无地下水分布迹象，完全符合干热岩的各项条件。该岩体在共和盆地底部广泛分布，仅钻孔控制干热岩面积已达 150km² 以上，干热岩资源潜力巨大。

地热利用可分为地热发电和地热直接利用两大类。用于发电的地热资源主要有水热资源、地压资源、干热岩资源。目前只有水热资源用于商业发电，其余还处于试验阶段。作为地下热能的载热体可以是蒸汽或热水，地热发电分为地热蒸汽发电和地下热水发电两大类。地热蒸汽发电可直接利用蒸汽作为热载体及工质,地下热水发电主要有闪蒸系统,双流体系统,全流系统。闪蒸系统经过汽水分离,蒸汽进入汽轮机做功;双流体系统利用地下热水来加热某种低沸点工质,进入汽轮机做功,也称为低沸点双工质系统;全流系统将汽水混合物直送膨胀机做功,产生机械功带动发电机发电。目前实际应用的地热能发电技术主要有扩容闪蒸法、双工质法、螺杆膨胀动力机组。我国地热发电截至 2014 年底,包括台湾电站在内,地热电站总装机容量为 35.38MW,运行中的总容量仅为 27.78MW。

地源热泵是全球地热直接利用最主要的方式,是实现地热资源利用和转化的关键技术。地源热泵主要包括浅层地源热泵和中深层地源热泵。浅层地源热泵主要利用储存于地下 200m 以内的土壤或水中的地热能,是全球范围内技术最成熟的地热能供热技术。根据地热能交换系统形式及所利用的低位热源不同,将浅层地源热泵系统分为地埋管地源热泵系统、地下水地源热泵系统及地表水地源热泵系统。行业内一般分别简称为土壤源热泵、地下水源热泵及地表水源热泵。近年还出现了以城市污水为热源的污水源热泵,原则上也可划分至广义浅层地源热泵范围内。土壤源热泵是浅层地源热泵技术中最核心的技术方向和应用方式。不同于土壤源热泵拥有的资源普适性,地下水源、地表水源热泵对自然资源禀赋有较高要求,因此并未得到较大规模推广,仅在某些浅层地下水丰沛或天然拥有江河湖海毗邻的位置有所应用。城市污水由于其内部不断进行的微生物活动和化学反应可在全年维持较高温度,是一种稳定的低品位热源。中深层地源热泵技术是指布置深至地下 2~3km 的中深层地埋管换热器,通过换热器套管内部流动介质的闭式循环抽取深部岩土内赋存的热量,并进一步通过热泵提升能量品位为建筑供热的新型地热供热技术。地源热泵系统一般由地埋管换热器、热泵机组和循环系统组成。地埋管传热过程与地面热泵机组的运行特性相互影响,其回填材料显著影响着热泵系统性能。循环系统中的制冷介质对地源热泵系统的综合性能也影响重大。回填材料是保障地源热泵稳定性的核心因素,其位于管道与土壤之间,通常分为两类:传统回填材料(纯净物或混合材料)和新型回填材料(可控低强度材料和相变材料)。近年来,水泥灌浆、砂土与石墨混合物、聚丙烯酰胺等传统回填材料在提高地源热泵换热性能方面有较好的表现。自 20 世纪 90 年代以来,中国地热直接利用连续多年稳居世界第一。自 20 世纪末以来,中国地源热泵应用年增长率高达 30%~40%。目前,中国有 1000 多家热泵制造商,越来越多的研究集中在季节性储能、建筑中混合系统和节能的集成、系统控制策略以及利用碳为工质的热泵等方向。

2 城镇供热系统智慧供热技术

2.1 供热系统一级网多源联网运行优化方法

2.1.1 多源联网供热系统建模与计算

1. 供热系统图论网络建模

图论是针对研究对象之间关系进行研究的方法。这些研究对象以特定方式相互连接或关联。将这些研究对象由一组点抽象表示，研究对象之间的连接由这些点之间的线表示，线段相连接即构成图以表示网络的拓扑结构，计算机可利用其拓扑结构来解决复杂网络问题。同时也需要有效的搜索算法来解决网络的图论网络问题。在图论网络中，用集合 V 表示节点；用集合 E 表示支路；用 G 表示线图。其中三者存在如下关系：$G=(V, E)$。

本文利用网络线图，表示了网络的结构及拓扑性质的图形。将线图用 +1、0、−1 等表示出来，对利用计算机进行复杂运算来说意义重大，同时也更加方便我们对网络进行进一步分析。在多种复杂多热源联网的供热系统中，将管网基于图论和管网技术建立成为网络矩阵，能够有效利用计算机进行求解矩阵代数计算。下面针对图 2-1 所示的供热管网进行分析。

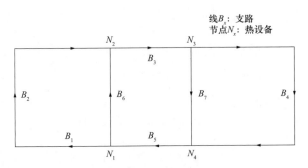

图 2-1 供热管网示意图

关联矩阵定义：设有有向线图 G，那么，相应于此有向线图 G 的矩阵 $A=(a_{ij})$ 则有

$$a_{ij} = \begin{cases} +1 \text{----} \text{当 } b_j \text{ 离开 } n_i \\ -1 \text{----} \text{当a } b_j \text{ 指向 } n_i \\ 0 \text{-----} \text{当 } b_j \text{ 与 } n_i \text{ 不关联} \end{cases} \tag{2-1}$$

可以称，矩阵 A 为此有向线图 G 的关联矩阵。

则根据以上定义，可求得图 2-1 供热管网示意图的关联矩阵，其关联矩阵可编制为

$$A = \begin{bmatrix} 1 & 0 & 0 & 0 & -1 & -1 & 0 \\ 0 & -1 & 1 & 0 & 0 & 1 & 0 \\ 0 & 0 & -1 & 1 & 0 & 0 & 1 \\ 0 & 0 & 0 & -1 & 1 & 0 & -1 \end{bmatrix} \tag{2-2}$$

关联矩阵 A 的行元素表示连接到 n_i 节点的分支。如果分支 b_1 连接到节点并且方向远离 n_1，则关联矩阵 A 的元素 a_{11} 为 1。关联矩阵中的列显示连接到分支 b_j 的节点。例如，关联矩阵的第三列显示连接到分支 b_3 的节点为 n_2 和 n_3，其方向分别为 n_2 和指向 n_3。矩阵 A 的秩为 N。且在关联矩阵 A 中 n 行是线性无关的。根据图论网络基础，我们可以进行多热源联网供热系统管网模型搭建。

2. 供热系统管网模型及参数求解

对于供热系统管网建模而言，需要重点关注管网的热工水力工况参数。本文采用基尔霍夫定律与管道特性为基础进行建模。

（1）基尔霍夫流量定律与压降定律。对于具有集中参数（无论当前所处位置如何）的任何网络节点，其进出节点的所有流量的代数和为零。这一规律与组件的特性无关，而仅与网络的拓扑属性有关，这种规律被称作基尔霍夫流量定律。为了以解析形式描

述此定律，假设一个网络有 B 个分支和 $N+1$ 个节点。每个电流的方向可选用箭头标记。用 i_j 表示支路 b_j 的当前状态并将法则应用于节点得到

$$\sum_{j=1}^{B} a_{kj} i_j = 0 \ (k = 1, 2, \cdots, N+1)$$ （2-3）

式中：a_{kj} 为增广关联矩阵 A_a 或者关联矩阵 A 的元素，即

$$A_a i_b = 0$$ （2-4）

或

$$A_i b = 0$$ （2-5）

式中：i_b 为具有 B 个元素的列向量。

$$i_b = [i_1, i_2, \cdots, i_B]^T$$ （2-6）

对于图 2-1 所示的管网而言，支路流量向量为

$$G_B = [g_1, g_2, \cdots, g_B]^T$$ （2-7）

则可以利用基尔霍夫流量定律有

$$AG_B = 0$$ （2-8）

有

$$AG_B = \begin{bmatrix} 1 & 0 & 0 & 0 & -1 & -1 & 0 \\ 0 & -1 & 1 & 0 & 0 & 1 & 0 \\ 0 & 0 & -1 & 1 & 0 & 0 & 1 \\ 0 & 0 & 0 & -1 & 1 & 0 & -1 \end{bmatrix} \begin{bmatrix} g_1 \\ g_2 \\ g_3 \\ g_4 \\ g_5 \\ g_6 \\ g_7 \end{bmatrix} = \begin{bmatrix} 0 \\ 0 \\ 0 \\ 0 \end{bmatrix}$$ （2-9）

在流体网络中，任意时刻，对任一节点，所有支路的压力降的代数和恒等于零。这种规律被称作基尔霍夫压降定律。对于供热系统管网，参考基尔霍夫流量定律可知对应基尔霍夫压降定律为

$$B_f \Delta H = 0$$ （2-10）

式中：$\Delta H = [\Delta h_1, \Delta h_2, \cdots, \Delta h_B]^T$ 为支路的压力降。

B_f 也为 $B-N$ 个线性无关的方程组，对应图 2-1 所示的管网而言，则有

$$B_f \Delta H = \begin{bmatrix} 1 & 1 & 0 & 0 & 0 & 1 & 0 \\ 0 & 0 & 1 & 0 & 1 & -1 & 1 \\ 0 & 0 & 0 & 1 & 0 & 0 & -1 \end{bmatrix} \begin{bmatrix} \Delta h_1 \\ \Delta h_2 \\ \Delta h_3 \\ \Delta h_4 \\ \Delta h_5 \\ \Delta h_6 \\ \Delta h_7 \end{bmatrix} = \begin{bmatrix} 0 \\ 0 \\ 0 \end{bmatrix} \tag{2-11}$$

（2）管道特性方程。在我国实际民用供热管网系统中，供热管道内工质的压降和流量存在以下关系：

$$\Delta P = SG^2 \tag{2-12}$$

式中：ΔP 为管网计算管段的压降，Pa；S 为管网计算管段的阻力特性系数，Pa /（m^3·h^{-1}）^{2}，其计算式为

$$S = 7.02 \times 10^{-3} \frac{K^{0.25}}{\rho d^{5.25}} (l + l_d) \tag{2-13}$$

式中：K 为供热管网的相对粗糙度，m；一般对于供热管道，我们取 K=0.0005m，l、l_d 分别为管网计算管段的长度和局部阻力当量长度，m；ρ 为管内流体工质的平均密度，kg/m^3。

对于集中供热系统管网模型的求解，要重点关注管网内流量与压力的平衡。在计算管网模型参数时，一般多采用最小二乘法进行曲线拟合方法，可以对多种形式的函数进行拟合。最小二乘法拟合被称为最小平方和法，是较常用的曲线拟合方法。

可由实验或实际运行得到 m 个在实际中得到的点 (x_1, y_1)，(x_2, y_2)，$\cdots$，(x_m, y_m)，将这些点进行拟合，得到 y=$f(x)$，此时的真实值与我们实践拟合值之间的偏差为

$$e_i = f(x_i) - y_i \tag{2-14}$$

其中 i=1,2,$\cdots$,m。所有点的偏差平方和为

$$\sum_{i=1}^{m} e_i^2 = \sum_{i=1}^{m} \left[f(x_i) - y_i \right]^2 \tag{2-15}$$

若

$$y = f(x) = a_0 + a_1 x + a_2 x^2 + \cdots + a_n x^n \tag{2-16}$$

则有

$$\sum_{i=1}^{m} e_i^2 = \sum_{i=1}^{m} \left[f(x_i) - y_i \right]^2$$

$$= \sum_{i=1}^{m} \left[(a_0 + a_1 x + a_2 x^2 + \cdots + a_n x^n) - y_i \right]^2 = F(a_0, a_1, \cdots, a_n) \qquad (2-17)$$

则拟合方程与实际方程的偏差是 $a_0, a_1, \cdots, a_n$ 的函数，为使偏差最小，则可求得 $F(a_0, a_1, \cdots, a_n)$ 对 $a_0, a_1, \cdots, a_n$ 的偏导，使其为零，则偏差最小。即

$$\frac{\partial \sum_{i=1}^{m} \left[(a_0 + a_1 x + a_2 x^2 + \cdots + a_n x^n) - y_i \right]^2}{\partial a_j} = 0 \qquad (2-18)$$

其中，$j = 0, 1, \cdots, n$，求解方程组的解，即可得到各个系数变量，从而拟合出需要的公式。

3. 供热系统热源模型

（1）燃气锅炉热源建模。燃气锅炉种类多样，按工质状态可分为燃气热水锅炉、燃气蒸汽锅炉等，锅炉进行气体燃料燃烧，将燃料的化学能转化为水（或水蒸气）的内能，通过管网输配工质进行居民热能供应。燃气锅炉生产、输送热能过程如下：

燃烧器在外部通过燃气阀供应天然气，与从鼓风机吹出的空气混合，并在炉中加热工质。燃烧产生的大部分热量都传递给锅炉，然后热水进入锅炉。通过汽水分离器，热水或蒸汽进入用户进行热量的供应。最后，利用循环泵向锅炉补充低温回水。为了定期保持锅炉中的液位，可使用额外的补水泵，该泵在系统运行期间补充缺少的水位。

由能量定律守恒可得，燃料中的化学能被转化为水（或水蒸气）的内能，则可得到如下模型：

$$BQ_r\eta = G(h_{out} - h_{in}) \qquad (2-19)$$

其中

$$Q_r = Q_{net,var} + H_{rx} \qquad (2-20)$$

由式（2-19）和式（2-20）可得

$$B = f(G, h_{out}, h_{in}, \eta) \qquad (2-21)$$

式中：B 为燃气锅炉的燃料消耗量，m^3/h；η 为燃气锅炉效率；h_{out}、h_{in} 分别为锅炉热水的进口和出口焓值，kJ/kg；G 为燃气锅炉循环水量，t/h；Q_r 为天然气低位发热量与天然气物理热量之和，kJ/m^3；$Q_{net,var}$ 为煤炭低位发热量，kJ/m^3；H_{rx} 为天然气的物理热量，kJ/m^3。

对于该模型的求解，主要考虑天然气的消耗量，其中，设备本身的热效率也会影响供热系统整体能量的转化。则可得

$$B=f(D, \eta) \qquad (2\text{-}22)$$

根据燃气热水锅炉的燃料消耗与负荷之间的关系，可以近似用线性模型拟合燃气锅炉的特性曲线，即为

$$B_i(D_i) = \alpha_{i0} + \alpha_{i1}D_i + \cdots + \alpha_{in}D_i^n \qquad (2\text{-}23)$$

式中：D 为燃气锅炉的实际热负荷，kW；η 为燃气锅炉的热效率；D_i 表示第 i 台燃气热水锅炉所承担的负荷。在本文中，为了保证模型精确度，取 $n=2$，即取二次多项式即满足精度要求。

对该特征方程进行求解，使模型的参数误差平方和最小时，可以求得 α_{i0}，α_{i1}，$\cdots$，α_{in} 的值，即 $\sum_{m=1}^{n}(\alpha_{im}^0 - \alpha_{im})^2$ 最小时可得模型参数，其中 α_{im}^0 为模型参数 α_{im} 的真值。

（2）热电联产热源建模。与传统的热电分产供热相比，在包括煤炭，天然气和其他燃料的联合生产供热过程中的热电联产机组设备与设备之间的关系更加复杂，工作条件也更加复杂。由于用户的需求的快速变化和外部环境的相应变化，系统也会随之进行相应响应。

深入掌握燃气锅炉和燃煤电厂多热源互补的城市供热系统的工作条件，有助于更好地控制系统的合理配置，更好地优化运行策略并实现能源梯级的使用，这对于更好地调控热电联产机组是非常重要的。多热源联网集中供热系统的完整运行状态特征包括在不同运行条件下系统内多种组成设备的性能特征，不同设备间相互协同作用，系统整体热工水力特性等。基于供热系统的模块化建模思想，燃煤燃气 CHP 系统的建模被分为多个模块，例如燃煤电厂模块和蒸汽轮机，以在可变负载条件下模拟系统的静态特性。研究多热源联合城市集中供热系统的热源设备并对其进建模，是改进调度策略并实现供热系统综合最佳调度的基础。

1）锅炉模型。作为供热系统热源，锅炉是最主要的燃烧设备，其对输入的燃料进行燃烧，使进入燃料的化学能转化为系统的热能。在模型的建立过程中，每个锅炉都是一个独立的模型。根据主锅炉中给水输入值和水蒸气输出值，可以得到锅炉的能量守恒方程：

$$D_0\left(h_{\mathrm{ms}} - h_{\mathrm{fw}}\right) + D_{\mathrm{rh}}\left(h_{\mathrm{ro}} - h_{\mathrm{ri}}\right) = Q_{\mathrm{b}} \qquad (2\text{-}24)$$

对于热电联产机组，需要考虑系统输入热量与输出发电功率的关系：

$$Q_b = f(P, \eta_b, \eta_p, \eta_i, \eta_m, \eta_g) \qquad (2\text{-}25)$$

式中：D_0、D_{rh} 分别是锅炉主蒸汽流量和再热蒸汽流量，t/h；其中，过热蒸汽进入汽轮机做完功后，蒸汽的压力温度下降，为了循环利用，把这一部分蒸汽引回锅炉的再热器，进行加热，提高蒸汽品质，再次做功。通过再热器的蒸汽即为再热蒸汽；h_{ms}、h_{f_w} 分别为主蒸汽焓值和锅炉给水焓值，kJ/kg；Q_b 表示锅炉吸热量，kW；P 为机组发电功率，kW；η_b、η_p、η_i、η_m、η_g 分别为锅炉燃烧效率、管道、汽轮机的相对内效率、汽轮发电机组的机械传动和发电机效率。

2）汽轮机模型。汽轮机变工况运行时，汽轮机各级组进出口压力会随着通过的流量发生相应变化，针对这种情况，本文选取弗留格尔公式，对这种变化进行计算：

$$\frac{G_{s1}}{G_{s10}} = \frac{\sqrt{P_{s1}^2 - P_{s2}^2}}{\sqrt{P_{s10}^2 - P_{s20}^2}} \frac{\sqrt{T_{s10}}}{\sqrt{T_{s1}}} \qquad (2\text{-}26)$$

一般情况下，当变工况前后级组均为临界工况，通过汽轮机级组的流量与背压无关，此时式（2-26）可改写成

$$\frac{G_{s1}}{G_{s10}} = \frac{P_{s1}}{P_{s10}} \qquad (2\text{-}27)$$

当级组达到此工况时，蒸汽轮机的输出功率为

$$W_{st} = G_s\left(h_{st,0} - h_{st,c} + \alpha_{rh}\Delta h_{rh} - \sum h_{st,j}\alpha_j\right) \qquad (2\text{-}28)$$

式中：G 为蒸汽轮机的蒸汽流量，t/h；P 为蒸汽轮机的蒸汽压力，MPa；T 为此时的蒸汽温度，K；W_{st} 为汽轮机功率，kW；G_s 为汽轮机的质量流量，kg/s；$h_{st,0}$、$h_{st,c}$ 分别为进出口蒸汽焓值，kJ/kg；α_{rh} 为有再热情况下的再热蒸汽份额；Δh_{rh} 为再热前后焓增，kJ/kg。

2.1.2　多热源供热系统负荷分配与调度优化

1. 基于决策向量的负荷分配调度优化

（1）热源负荷分配调度决策因素。面对供热系统精准调控、快速响应的调控需求，多热源供热系统调控时需要重点考虑不同种类热源升降负荷速率，负荷分配应优先考虑燃气锅炉等机组容量小、启动速率快的热源进行负荷调度，热电联产机组本质上是通过调整锅炉给煤量实现机组变负荷的目的，但火电机组给煤供粉系统存在一定滞后性，由于机组较大，锅炉中水蒸发过程也存在较大滞后性。因此，从给煤到机组负荷

响应到供热负荷调整所需要的时间较长。对于锅炉与汽轮机而言，要依照设备情况进行合理升降负荷，必须综合考虑设备所受应力与设备寿命等因素，以免发生安全事故。多热源联网供热系统在进行调控时，应充分考虑热电联产机组这一特性。

燃气锅炉房可以作为调峰热源，由于其燃料为天然气，且机组规模相比热电联产机组较小，面对快速变化的用热需求可进行快速响应。燃气锅炉房由于其供热调度灵活、排放物清洁化的特性，可以设置在基本热源的近端、远端，或者热网中心，这样不仅能快速进行负荷升降，而且由于贴近负荷侧，能够快速满足热用户的用热需求。

由于热电联产机组容量较大，热惯性较强，进行负荷调度时，启动速率较慢，不满足需求侧热负荷的快速响应的条件，目前我国大型燃煤热电联产机组较少参与供热系统深度调峰，一般只负责承担供热系统基本负荷。而燃气锅炉由于其灵活性，常用于进行供热系统热负荷的调峰运行。但在进行负荷分配方案计算时，常常需要对热电联产机组进行综合调度以满足供热系统热量需求。在进行多热源负荷分配调度时，应充分考虑到不同热源机组特性，结合不同热源机组升降负荷速率，在满足供热系统热负荷需求的同时达到系统快速调度目标。

面向我国大力发展智慧供热、清洁供热的能源转型需求，多热源联网大规模集中供热系统进行负荷调度时也应进行智慧化升级，综合考虑多因素如经济性、低碳性、机组升降负荷速率等因素进行负荷分配方案决策。

（2）决策向量调度优化。在多热源联网大型供热系统进行供热时，结合先进智能算法——萤火虫算法，从供热系统经济性、供热系统碳排放两个角度进行热电联产机组与燃气锅炉房负荷方案的计算。利用萤火虫算法，在热源与热网侧的约束条件下，对以供热系统经济性与碳排放为目标的多目标函数进行计算。本章也将对萤火虫算法进行进一步阐述。

由于进行多目标函数求解，该算法进行计算时得到一组最优化后的负荷分配方案，即一组热源负荷数值。该负荷分配方案即为该算法在该工况下多热源供热系统求解得到负荷分配方案解集，此时分配方案集合即为该多目标函数的帕雷托（Pareto）前沿。

由于在实际工程中，当需求侧热负荷变化时，运行调度人员需要立刻下发调度指令，对热源侧进行负荷分配调度，调度要求时效性较高，但由于不同机组升降负荷速率不同，而最佳调度计划并不会考虑机组升降负荷耗时。在这种情况下，无法进行供热系统按需精准调控，快速响应。因此，在供热系统调度中，为了更好地进行负荷分配方案的决策，考虑到供热系统多热源升降负荷决策速率，我们将依靠决策向量，在

Pareto 前沿中进行负荷调度方案决策。

首先将得到的多组分配方案进行拥挤度计算，并进行拥挤度排序，在 Pareto 前沿中采用拥挤度进行排序决策是常用的决策方法，由于拥挤度较高的负荷分配方案，其与相邻负荷分配方案在目标函数上的整体表现相近，相比于其他方案拥有更高的容错性，方便供热系统由现有工况向该目标工况进行调节。因此，一般对多目标 Pareto 前沿进行选取方案决策时，常用选取拥挤度最大的解决方案作为最终选取负荷分配方案。本文在利用决策向量对热负荷分配方案进行决策时，也利用 Pareto 前沿中粒子的拥挤度计算选择前沿中拥挤度最大的负荷分配方案，构成决策向量其中一边的向量，确保机组负荷调度方案的合理性。

通过将供热系统负荷分配方案进行向量化，对不同分配方案进行向量计算决策。按计算要求，对于多目标函数问题求解得到目标函数 Pareto 前沿，即以经济效益与系统碳排放的多目标 Pareto 解集后，将解集中包含有限个负荷分配方案进行排序，其中，为了更加方便地进行描述，本文将单个分配方案进行向量形式的拟合，这里先将计算得到 Pareto 最优解集作为研究范围，记备选方案为 $A=[A_1, A_2, \cdots, A_n]$，决策指标为 $S=[S_1, S_2, \cdots, S_m]$，则方案 A_i 在指标 S_j 下的评价为

$$C = (c_{ij})_{n \times m} = \begin{bmatrix} c_{11} & c_{12} & \dots & c_{1m} \\ c_{21} & c_{22} & & c_{2m} \\ \dots & & & \dots \\ c_{n1} & c_{n2} & \dots & c_{nm} \end{bmatrix} \quad （2-29）$$

$$c_{ij} \in [c_{ij \, min}, c_{ij \, max}] \quad （2-30）$$

式中：$i=1, 2 \cdots, n$；$j=1, 2 \cdots, m$。$c_{ij \, min}$ 为评价指标下限；$c_{ij \, max}$ 为评价指标上限。为了对该式进行比较，则可以对其进行无量纲化处理，形成标准化矩阵。对于期望值较大的，如经济性指标，有

$$r_{ij} = \frac{c_{ij} - \min_i c_{ij}}{\max_i c_{ij} - \min_i c_{ij}} \quad （2-31）$$

对于期望值较小的，如碳排放指标，有

$$r_{ij} = \frac{\max_i c_{ij} - c_{ij}}{\max_i c_{ij} - \min_i c_{ij}} \quad （2-32）$$

式中：r_{ij} 为 Pareto 解集中不同方案在评价指标下的标准化无量纲数值。根据不同评价指标，确定 Pareto 解集内方案排序 $r_{ij}=(r_{1j}, r_{2j}, \cdots, r_{nj})$，同理，针对不同评价指标可以得

到更多方案排序，本文的目标函数是经济性和碳排放，因此构成两个向量空间，即 $j=1,2$，这里将 $j=1$ 指标空间记为 X 空间，将 $j=2$ 指标空间记为 Y 空间。选取空间某处 O 为坐标起点，以最优化方案对应坐标值为终点，即可得到二维的向量空间。

由于只有两个目标函数，因此构成了二维向量空间。根据式（2-29）、式（2-30）和式（2-32），可将当前工况下的负荷分配方案进行标准化变换，并将解集中的各分配方案分配在向量空间中，并进行曲线拟合，作为当前工况下实际负荷分配粒子 P，可记为 $P=(p_x,\ p_y)$。

根据计算得到 Pareto 前沿实际情况，计算前沿中第 i 个粒子与其相邻两个粒子间的曼哈顿距离，即单个负荷分配方案与相邻两个负荷分配方案之间的曼哈顿距离 L_i，其中

$$L_i=|r_{xi}-r_{x(i+1)}|+|r_{yi}-r_{y(i+1)}|+|r_{xi}-r_{x(i-1)}|+|r_{yi}-r_{y(i-1)}| \tag{2-33}$$

式中：对于在决策空间末端的方案，其相邻方案只有一个，另一侧按照单指标最优化坐标处理。对目标函数 Pareto 前沿内方案，比较其内所有粒子的曼哈顿距离 L_i，得到 L_{min}：

$$L_{min}<L_i \qquad i=1,2,\cdots,N \tag{2-34}$$

记该负荷分配方案下的粒子为决策粒子 A，则有 $A=(a_x,\ a_y)$，即可计算负荷分配方案决策向量，标记为向量 OA；计算当前向量 P 与 A 之间距离，记为 PA，表示从当前工况到拥挤度最高工况的距离，即为传统方法下利用拥挤度对 Pareto 前沿进行决策得到的最优解，得到

$$PA=(p_x-a_x,p_y-a_y) \tag{2-35}$$

计算当前负荷分配方案 P 与 Pareto 前沿中的负荷分配方案欧式距离 D_i，其中

$$D_i=\sqrt{(p_x-r_{xi})^2+(p_y-r_{yi})^2} \tag{2-36}$$

并进行对比，寻找现有负荷分配方案与 Pareto 解集内最短欧式距离的负荷分配方案，其欧氏距离记为 D_{min}，有

$$D_{min}<D_i \qquad i=1,2,\cdots,N \tag{2-37}$$

该负荷分配方案记为 B，则有 $B=(b_x,\ b_y)$，即可计算负荷分配方案决策向量，标记为向量 PB。则有

$$PB=(p_x-b_x,p_y-b_y) \tag{2-38}$$

在 Pareto 前沿中欧式距离与当前负荷分配方案最近的负荷分配方案，即为 Pareto 解集中经济性与碳排放与当前工况最为接近的负荷分配方案。由于以供热系统经济性

和碳排放作为调度的目标函数进行求解，实际供热系统中，由于热电联产机组热效率高，燃料价格较燃气锅炉房更低，燃气锅炉房燃料清洁性较好，则该系统经济性与热电联产供热机组在供热系统功率占比正相关，类似地，热电联产供热机组在供热系统功率占比与系统碳排放也成正比。对以热电联产机组与燃气锅炉房为热源的多目标联网供热系统而言，由于热电联产机组与燃气锅炉在热效率经济性与碳排放方面有着相反的特性，在该二维坐标系中机组调度方案与坐标点存在一一映射关系，且负荷分配方案与坐标系中点都是连续的。则该负荷分配方案 B 即为与系统当前工况下负荷分配方案最为接近的负荷分配方案，在该工况下，当前负荷分配方案向该负荷分配方案 B 进行调度时，系统整体所需要响应时间最短，即进行负荷分配方案决策时，综合考虑供热系统调度时快速响应的需求。

在坐标系中将向量 PA 与向量 PB 进行向量加和运算，即为当前工况下的运行调度决策方向向量 α，即有

$$\alpha = PA + PB = (2p_x - a_x - b_x, 2p_y - a_y - b_y) \tag{2-39}$$

负荷分配方案决策向量 α 与 Pareto 前沿拟合曲线存在交点，记该交点为 D，则 $D = (d_x, d_y)$，则该点对应负荷分配方案为供热系统调度目标负荷分配方案，即为当前工况下的调度负荷分配方案。

在得到负荷分配方案决策向量 α 后，将现有负荷分配方案按照负荷分配方案决策向量 α 所代表的负荷分配方向进行调度调节，将当前工况下负荷分配方案更改为向量 α 与 Pareto 前沿交点 D 所代表的热源负荷分配方案，进行多热源联网供热系统热源侧机组的负荷调度响应。

在对当前工况下负荷分配方案 P 进行调度时，本文采用基于决策向量的负荷调度方式，决策向量由两部分组成。其中，决策向量一侧为考虑供热系统负荷分配方案拥挤度的调度方案，该方案综合考虑系统经济性与系统的碳排放；另一侧为考虑供热系统快速响应的供热系统负荷分配方案调度。

通过决策向量对供热系统负荷分配方案进行决策时，综合考虑系统经济性、碳排放与机组快速响应，解决了以往供热系统调度时无法综合考虑机组调度响应速率问题，这对于在实际生产时，机组快速调度响应具有十分重要的意义。

2. 多热源联网大型供热系统的负荷调度寻优方法

在多热源供热系统并网运行时，需要经常对多热源进行负荷分配调度，对于热源

负荷调节而言，燃煤机组由于锅炉热惯性等因素，其负荷调度响应速度比较慢，在实际生产中，一般避免对大型燃煤机组进行大幅度调节以避免影响其汽轮机组运行效率和安全性，对设备造成伤害。在进行负荷分配的调度研究时，也会综合考虑各个热源特性，进行负荷分配计算。本文利用先进智能算法——萤火虫算法对多热源负荷分配方案进行计算。

萤火虫算法是一种启发式算法，算法利用萤火虫发光特性来在搜索空间寻找最亮萤火虫，在设定寻找空间内，萤火虫通过自身光亮，对其他萤火虫进行吸引，自身也向邻域范围内位置较优、萤火虫光最亮的萤火虫移动，不断进行空间优化，直至找到亮萤火虫。其假设如下：

（1）萤火虫个体不存在特殊差异，没有性别的区别，任何单一萤火虫个体都有对其他个体进行吸引的能力。

（2）在进行寻优过程中，萤火虫亮度越亮，则该萤火虫对其他萤火虫的吸引力就越高，但在萤火虫不断移动的过程中，萤火虫的亮度随着该萤火虫移动的距离增加而不断减少。

算法具体原理为：萤火虫算法使用搜索空间中的所有可能解决方案来模拟测量萤火虫，搜索模型和系统优化过程作为吸引和飞向特定萤火虫的位置更新过程，并确定萤火虫当前位置的适应度，即解决方案的优劣判断萤火虫处于的有利或不利位置。将萤火虫的移动过程表示为解决方案的寻优问题。而萤火虫自身的亮度和吸引度随着距离的增加而减小。

步骤如下：第一步进行种群的初始化，首先设定萤火虫的种群为 N，工质对光的吸收系数为 α，初始步长 a，第 i 与 j 个萤火虫之间的距离为 r，初始吸引度 β_0，可以得到该萤火虫算法的吸引度公式：

$$\beta(r) = (\beta_{max} - \beta_{min})e^{-\gamma r^2} + \beta_{min} \tag{2-40}$$

计算出萤火虫适应度值，即单个负荷分配方案运行效益，适应度值越优的萤火虫亮度越高，即负荷分配方案更优。

每个萤火虫将根据移动距离向更高的萤火虫靠近，即向更优化分配方案移动。其中移动距离计算如下：

$$X_i' = X_i + \beta_0 e^{-\gamma r^2}(X_i - X_j) + \alpha\text{rand}() \tag{2-41}$$

其中，第 t 代时萤火虫飞行的步长公式如下：

$$\alpha(t) = \alpha^t \qquad (2\text{-}42)$$

式中：X_i 为一个比第 i 个个体亮度更高的萤火虫的位置，r 为第 i 个与第 j 个萤火虫之间的距离。

由于群体中最亮的个体不会被其他萤火虫吸引，那么，该萤火虫的位置若不加干涉，将会保持不变。本文给出以下公式，要求亮度最大的萤火虫个体按照如下公式更新位置。

$$X_i' = X_i + \alpha \text{randGuass}() \qquad (2\text{-}43)$$

萤火虫飞行步长将随时间递减。来到一个新的位置之后，萤火虫个体需要进行新一轮的适应度计算，若新位置适应度较大，则该萤火虫个体将更新自己的位置。

在寻优过程中若算法到达最大迭代次数，或者算法不收敛则将当下搜索到的最优的萤火虫的位置作为解输出，如果未能找到输出解，将进行萤火虫粒子的重置，即将算法重新进行计算以获取不同初始条件，计算每个萤火虫的初始适应度，即单个负荷分配方案运行效益，适应度值越优的萤火虫亮度越高。图 2-2 为萤火虫算法寻优示意图。

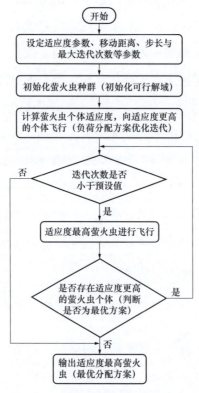

图 2-2　萤火虫算法计算流程

对于萤火虫算法对于负荷调度问题的计算过程分析，可以进行进一步推断得到萤火虫算法在解决该类调度问题时具有以下特性：

（1）该算法模拟萤火虫觅食和进行伙伴搜索移动的自然界萤火虫行为机制，与负荷方案寻优有极强相似性，整个算法具有高效性和计算的有效性。

（2）单个萤火虫个体依靠自身光亮吸引其他萤火虫，这样的群体具有较强的协同工作能力。在进行进一步优化寻优时，更优的负荷分配方案具有更强的吸引力，在这个过程中，最佳个体的随机移动可以找到更多的负荷分配方案，进行更多的反馈，因此整个群体具有积极的反馈机制，最终整个群体都是最优的。更有可能找到最优位置，即最佳的负荷分配方案。

（3）该算法的鲁棒性较好，由于单个普通个体会移至最佳个体，并且会随机搜索最佳个体，因此无需经验知识即可优化萤火虫种群，该算法可与其他优化算法结合使用，在实际工程项目中，具有较强融合性与可操作性。

（4）该优化算法可以快速找到最佳负荷分配方案的原因主要在于萤火虫个体粒子进行交换信息确定下一步寻找方向时依赖于所处光的正反馈机制。这样客观上可以加快算法的收敛速度，当然，前期将步长进行调节也可加快收敛速度，并增加找到最佳解决方案的机会，方便群体更快进行搜索。

2.2 供热系统二级网建模与预测调控方法

2.2.1 二级网温度延迟辨识与预测建模方法

集中供热系统在运输热水的时候，会由于传输距离和传热工况的原因存在温度响应时间延迟。对于二级网，末端用户侧当前很少存在室温采集设备，因此典型的温度延迟表现在二次供温和二次回温的变化上。图2-3为北方某城市一个实际二级网在典型工作日（2019/2/16）时供、回水温度曲线，可以看到，当二次供水温度发生阶跃式上升或下降时，二次回水温度对供水变化的响应存在一段时间滞后。这种时间迟滞称为集中供热系统二级网温度延迟时间（HRT），二级网温度延迟时间的完整定义为：当热力站工况发生变化时，二次供水温度和二次回水温度分别达到极点或新的平稳点时的时间之差。

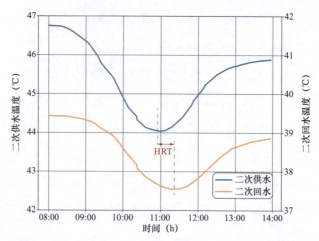

图2-3　某二级网典型工况日的供、回水温度曲线

关于延迟时间的辨识方法，Guo 等和 Li 等人都提出了一种基于人工观察的方法进行辨识，这类方法可以对少量、特定对象进行温度延迟时间的离线辨识，但较难对多个二级网的温度延迟时间进行在线快速辨识。二级网的结构、热用户数量以及外部工况发生变化都有可能导致延迟时间不同。对于热力站调控系统在未知二级网延迟的情况下，当环境或热需求发生变化时，系统不能及时有效地调节供热量或供热温度。因此，要实现热力站的预测性调控，首先要解决的问题是对不同二级网的温度延迟时间进行在线辨识和预测，同时厘清影响二级网延迟时间的因素。本章的建模框架如图2-4所示。首先，从供热系统中搜集原始数据，包括二级网运行数据（流量、温度、热量和压力）、外部天气数据（气温、气压、湿度和风速）、二级网属性数据（供热面积、用户建筑类型）。接着对原始数据进行预处理，包括缺失值处理、异常值处理以及通过数据平滑来减少噪声。基于预处理好的数据，本章提出了一种基于运行数据辨识二级网温度延迟时间的算法，该算法通过变点检测、时间窗滑动和相关性分析等方法来确定二级网温度延迟时间。为了探究影响温度延迟时间的因素并在未来特定工况下预测温度延迟时间，本文构建了温度延迟时间的预测模型，包括特征工程和机器学习建模；其中特征工程包括数据转换、相关性分析和特征融合，其目的是挖掘影响二级网温度延迟时间的关键因素（包括单一因素与融合因素），同时将该信息用于预测模型的特征选择中。在延迟时间预测模型部分，本文用了四种机器学习算法（线性回归、支持向量机、随机森林和XGBoost）分别对三个包含不同特征的数据集进行训练和测试，对比不同模型在不同数据集上的预测性能，以确定对二级网温度延迟时间预测问题上的最佳模型。

26

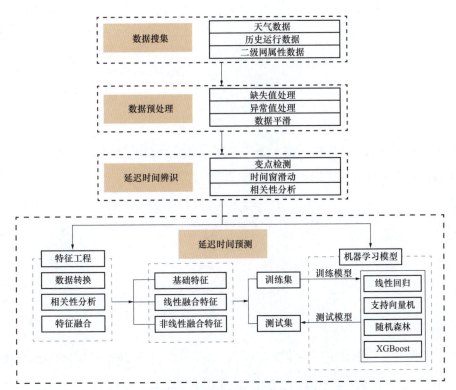

图 2-4 二级网温度延迟辨识和预测建模框架

2.2.2 基于相关系数和滑动时间窗的温度延迟辨识算法

基于运行数据辨识二级网温度延迟时间的算法，该算法基于以下假设：

（1）二级网供水温度变化和回水温度响应之间存在时间延迟。

（2）二级网回水温度和供水温度高度相关。

（3）二级网供、回水温度的数据采集的时间间隔均匀一致。

（4）温度延迟时间大于数据采集的时间间隔。

为了获得二级网的温度延迟时间，首先需要获得二次供水温度变化的工况点，因为在二次供水温度有明显变化时，温度响应延迟才能从数据层面体现出来。因此该算法利用滑动时间窗和均值计算来检测二级网的工况变化点，在工况变化的时间窗口内通过分析供水温度与回水温度的相关性来确定二级网温度延迟时间。本辨识算法的主要流程如下：

首先设置一个时间窗 Δt，将 Δt 等分为前后两个等间隔时间窗，如式（2-44）和（2-45）所示。

27

$$\Delta t_{i1} = \left(t_i, t_i + \frac{\Delta t}{2} \right) \tag{2-44}$$

$$\Delta t_{i2} = \left(t_i + \frac{\Delta t}{2}, t_i + \Delta t \right) \tag{2-45}$$

式中：t_i 为当天的第 i 个采集点。

其次，将时间窗 Δt 在时间轴上逐步向前滑动，分别计算 Δt_{i1} 和 Δt_{i2} 时间窗口内的二次供水温度平均值，见式（2-46）和式（2-47）。

$$\overline{T}_{\Delta t_{i1}} = \frac{T_{t_i} + T_{t_{i+1}} + \cdots + T_{\left(t_i + \frac{\Delta t}{2} - 1\right)}}{\frac{\Delta t}{2}} \tag{2-46}$$

$$\overline{T}_{\Delta t_{i2}} = \frac{T_{\left(t_i + \frac{\Delta t}{2}\right)} + T_{\left(t_i + \frac{\Delta t}{2} + 1\right)} + \cdots + T_{(t_i + \Delta t - 1)}}{\frac{\Delta t}{2}} \tag{2-47}$$

对于根据专家知识设定的温度变化阈值 ε，如果前后两段时间内的均温变化绝对值 $\left| \overline{T}_{\Delta t_{i1}} - \overline{T}_{\Delta t_{i2}} \right|$ 超过了阈值 ε，那么时刻 t_i 被判定为温度工况变化点；如果 $\left| \overline{T}_{\Delta t_{i1}} - \overline{T}_{\Delta t_{i2}} \right|$ 小于阈值 ε，则继续向前滑动时间窗，直到检测到工况变化点或时间窗滑动到截止时间点。

基于工况变化点 t_i 和时间窗口 Δt，分别获取工况变化开始到时间窗结束间的供水温度序列和回水温度序列，如式（2-48）和式（2-49）所示。

$$TS_i = \left[T_{si}, T_{s(i+1)}, \cdots, T_{s(i+\Delta t)} \right]^{\mathrm{T}} \tag{2-48}$$

$$TR_i = \left[T_{ri}, T_{r(i+1)}, \cdots, T_{r(i+\Delta t)} \right]^{\mathrm{T}} \tag{2-49}$$

由于供水和回水温度的趋势之间存在延迟时间，如果将延迟时间本身添加到回水温度中，就有可能找到一个延迟时间，从而使两个序列之间的相关系数最高。为了找到这样的延迟时间，将回水温度的序列 TR_i 逐步前移，每次获得一个新的序列。设置一个最大移动步数 k，则通过前移获得的回水温度序列分别为 TR_{i+1}，TR_{i+2}，$\cdots$，TR_{i+k}，然后以此构建回水温度时间迟滞矩阵 V，如式（2-50）所示。

$$V = \begin{bmatrix} TR_i & TR_{i+1} & \cdots & TR_{i+k} \end{bmatrix} = \begin{bmatrix} T_{ri} & T_{r(i+1)} & \cdots & T_{r(i+k)} \\ T_{r(i+1)} & T_{r(i+2)} & \cdots & T_{r(i+k+1)} \\ \vdots & \vdots & \ddots & \vdots \\ T_{r(i+\Delta t)} & T_{r(i+1+\Delta t)} & \cdots & T_{r(i+k+\Delta t)} \end{bmatrix} \tag{2-50}$$

式中：k 为最大迟滞步数；在该方法中，最大迟滞步数 k、温度变化预阈值 ε 和时间窗长度 Δt 都需要根据专家知识或人工经验设定。

最后，计算供水温度序列 TS_i 和矩阵 V 中每一列的皮尔森相关系数 r。最大相关系数所对应的延迟时间即为该工况下二级网的温度响应延迟时间。其中皮尔森相关系数为衡量两个变量间的线性相关度，范围从 -1 到 1。相关系数越接近 1 代表越正相关，越接近 -1 代表越负相关，接近 0 代表没有明显的相关性。皮尔森相关系数的计算方式如下：

$$r = \frac{\sum_{i=1}^{n}(X_i - \overline{X})(Y_i - \overline{Y})}{\sqrt{\sum_{i=1}^{n}(X_i - \overline{X})^2}\sqrt{\sum_{i=1}^{n}(Y_i - \overline{Y})^2}} \qquad （2-51）$$

式中：$\overline{X}$ 为变量 X 的平均值，$\overline{Y}$ 为变量 Y 的平均值。

为了进一步阐释上述算法的过程，图 2-5 所示为某二级网温度延迟辨识流程中的相关性计算结果图。第一个点（0,0.4）代表在同一时刻原始的供水温度序列 TS_i 和回水序列 TR_i 的相关系数为 0.4。因为供水温度和回水温度之间存在延迟，二者的变化趋势有所错位，因此计算出来的相关系数偏低。第二个点（1,0.59）代表回水温度序列往前移动一个时间步长后与供水温度序列的相关系数为 0.59。当移动到第 7 步时其相关系数达到最大为 0.98，表明这个时候回水温度序列的前移步数已经基本抵消了和供水温度之间的时间延迟，因此该案例中的二级网温度延迟时间步长为 7 步。当回水温度前移的时间步长超过其本身的延迟，其相关系数进而会随之下降。

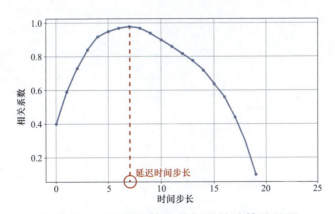

图 2-5　延迟辨识算法的相关性计算结果图

二级网温度延迟时间辨识算法流程见表 2-1，通过该算法，二级网的温度延迟时间可以在线自动辨识，不需要过多依赖人工观察和估计。

表 2-1　　　　　　　　　二级网温度延迟辨识算法流程

序号	步骤
1	设置阈值 ε，时间窗 Δt，最大迟滞步数 k
2	将时间窗 Δt 在时间轴上向前滑动一步，计算时间段 Δt_{t1} 内的二次供水平均温度 $\overline{T}_{\Delta t_{t1}}$ 和时间 Δt_{t2} 内的二次供水平均温 $\overline{T}_{\Delta t_{t2}}$；其中 Δt_{t1} 和 Δt_{t2} 分别是时间窗 Δt 的前后半段
3	如果 $\lvert\overline{T}_{\Delta t_{t1}} - \overline{T}_{\Delta t_{t2}}\rvert \geqslant \varepsilon$，确定工况变化点 i；反之则返回第（2）步
4	基于工况变化点 t_i 和时间窗 Δt 获取供水温度序列 TS_i 和回水温度矩阵 V，然后计算 TS_i 和矩阵 V 每一列中的相关系数
5	相关系数最高的 r 所对应的时间步长即为二级网温度延迟时间

1. 案例分析

　　本节选取了北方某城市集中供热系统的真实测量数据进行建模并验证。该集中供热系统包含 2000 多个热力站以及 13 个热源，总供热面积超过了 1.4 亿 m^2。图 2-6 展示了该供热系统的管网拓扑图。在 2018～2019 年供暖季（从 2018 年 11 月 15 日到 2019 年 3 月 15 日），该集中供热系统热源的平均负荷是 4138MW。可以看到，整个城市集中供热系统的规模大，管网拓扑结构复杂，能耗水平高。

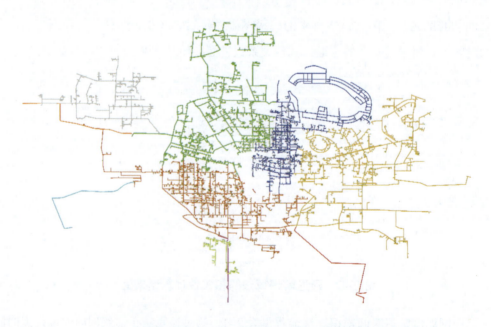

图 2-6　北方某城市集中供热系统管网拓扑结构示意图

数据预处理包括缺失值填充、异常值处理和数据平滑。在搜集到的数据中，没有发现缺失值。异常值处理中使用 3-sigma 原则进行异常点检测。其中，3-sigma 方法的原理是在正态分布下，首先计算样本的均值 μ 和标准差 σ，样本分布在 $(\mu-3\sigma, \mu+3\sigma)$ 范围的概率为 0.9974。反之，落入这个区间外的概率只有 0.0026，在实际问题中认为这样的小概率事件不会发生，因此这类点被判定为异常点。除此外，数据预处理中还加入了两条专家规则：二次供水温度必须高于二次回水温度；在正常工况下二次供水温度需要高于 30℃。进一步，原始数据中噪声较多，通过数据平滑的方式来消除噪声。数据平滑的方法是将前后几个采集时间点的均值作为当前时间点的值，如式（2-52）所示。

$$\overline{x_t} = \frac{x_{t-\frac{n-1}{2}} + x_{t-\frac{n-3}{2}} + \cdots + x_t + \cdots + x_{t+\frac{n-1}{2}}}{n} \tag{2-52}$$

数据预处理前后的数据对比如图 2-7 所示。

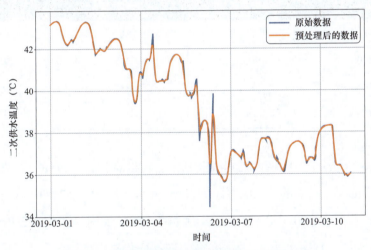

图 2-7 数据预处理前后的对比示意图

2. 温度延迟时间辨识算法结果与分析

将预处理后的各二级网的数据代入表 2-1 所示的算法流程中进行温度延迟辨识。图 2-8 和表 2-2 展示了 105 个二级网在不同工况下的温度延迟辨识结果。可以看到，在所选的 105 个二级网一个月内的数据中，一共有 357 个温度延迟时间辨识结果，因为同一个二级网在不同的工况或外部环境下延迟时间可能变化。超过一半（57.42%）二级网的温度延迟时间在 1000~2000s。此外，延迟时间的最小值和最大值分别为 0s 和 4162s，这说明不同工况、不同二级网之间的温度延迟时间差别很大。

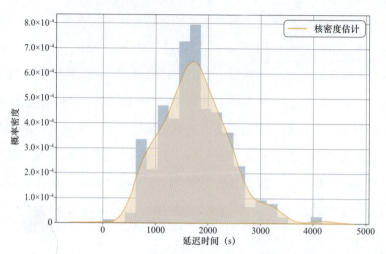

图 2-8　105 个二级网的温度延迟时间结果分布

表 2-2　　　　　　　　　　105 个二级网的温度延迟时间结果统计

延迟时间 (s)	结果数量	总的数量	比例
<1000	43	357	12.04%
1000～2000	205	357	57.42%
2000～3000	94	357	26.33%
>3000	15	357	4.20%

图 2-9 展示了各个二级网的延迟时间结果。可以看到，对每一个二级网，其延迟时间都为一个范围。对于部分二级网（如 No.5、13、37、39、57 和 104），温度延迟时间的变化范围超过了 500s。以 No.5 二级网为例，该二级网最大的延迟时间为 1910s，最小的延迟时间为 1140s。每个二级网的延迟时间变化范围统计在表 2-3 中。可以发现

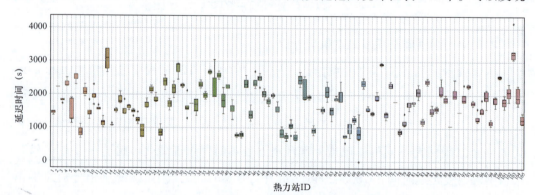

图 2-9　各二级网温度延迟时间箱线图

有 8.57% 的二级网的延迟时间变化范围低于 100s，73.3% 的二级网延迟时间变化范围在 100~500s，18.1% 的二级网的延迟时间变化超过了 500s。

表 2-3　　　　　　　　各二级网温度延迟时间变化范围统计

延迟时间变化范围 (s)	二级网数量	总的二级网数量	比例
<100	9	105	8.57%
100~200	37	105	35.24%
200~500	40	105	38.10%
>500	19	105	18.10%

对于延迟时间变化范围较大（超过 500s）的二级网，其背后的原因可能是这 19 个二级网在数据搜集的时期内（2019 年 2 月 15 日至 2019 年 3 月 15 日）工况变化比其他二级网更大。为了进一步验证这一猜想，本文探究了典型工况参数的变化率和二级网温度延迟时间变化的关系。随着热负荷、二级网压差和二级网温差的相对变化率增加，延迟时间的变化范围也在增加，定性地说明工况变化越剧烈，该二级网的延迟时间变化越大，如图 2-10 所示。

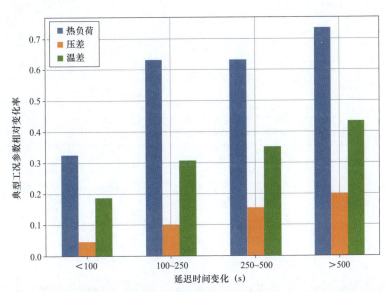

图 2-10　典型工况参数（热负荷、压差、温差）相对变化率与
二级网温度延迟时间变化的关系

3. 温度延迟时间预测建模与结果分析

基于辨识算法获得了各二级网的温度延迟时间，并且定性地分析了延迟时间与工况变化的关系。本节通过相关性分析和特征融合的方式定量地分析了影响温度延迟时间的因素，基于对特征挖掘和关联分析，本节通过机器学习的方法构建各工况参数与延迟时间之间的函数映射关系，基于不同特征构建三个数据集合，建立了四个机器学习模型对二级网温度延迟时间进行预测。

（1）特征转换。首先将原始特征转化为更能代表工况特性的特征，同时减少特征之间的相关性。比如将供水温度和回水温度分别通过求平均与作差，来获取新的工况特征。详细的特征转换见表 2-4。

表 2-4　　　　　　　　　　　　原始特征转换方法

原始特征		转换方法	新特征
特征 1	特征 2		
$T_{s,1}$	$T_{r,1}$	$\overline{T_1}=(T_{s,1}+T_{r,1})/2$	$\overline{T_1}$
$T_{s,1}$	$T_{r,1}$	$\Delta T_1=T_{s,1}-T_{r,1}$	ΔT_1
$P_{s,1}$	$P_{r,1}$	$\overline{P_1}=(P_{s,1}+P_{r,1})/2$	$\overline{P_1}$
$P_{s,1}$	$P_{r,1}$	$\Delta P_1=P_{s,1}-P_{r,1}$	ΔP_1
$T_{s,2}$	$T_{r,2}$	$\overline{T_2}=(T_{s,2}+T_{r,2})/2$	$\overline{T_2}$
$T_{s,2}$	$T_{r,2}$	$\Delta T_2=T_{s,2}-T_{r,2}$	ΔT_2
$P_{s,2}$	$P_{r,2}$	$\overline{P_2}=(P_{s,2}+P_{r,2})/2$	$\overline{P_2}$
$P_{s,2}$	$P_{r,2}$	$\Delta P_2=P_{s,2}-P_{r,2}$	ΔP_2

对转换后的特征进行归一化，以消除量纲带来的影响。归一化的计算方式如式（2-53）所示。

$$x^*=\frac{x-x_{\min}}{x_{\max}-x_{\min}}\qquad(2-53)$$

式中：x 代表样本原始值，$x_{\max}$ 和 $x_{\min}$ 分别代表样本的最大值和最小值。数据归一化可以在不改变数据分布的情况下，将数据转换为无量纲数据。

（2）相关性分析　为了探寻影响二级网温度延迟时间的特征，本文首先对所有原始特征进行相关性分析，相关性分析的结果如图 2-11 所示。可以发现，供热面积和延迟时间的相关系数最高（$r=0.66$），说明供热面积和二级网温度延迟时间较为相关。从能量平衡的角度看，二级网的延迟特性包括两部分：流动延迟和换热延迟。供热面积越大，二级网供水管道长度越长。管道越长，热水流动过程引起的热延迟也越长。在换热维度上来看，温度、压力、质量流量等因素会改变热水与室内空间之间的换热系数，因此延迟时间也会受到影响。和供热面积相比，其他特征和延迟时间的相关系数相对较小，比如一次侧瞬时流量（$m_{S,1}$）和延迟时间的相关系数只有0.33。与此同时，天气数据和延迟时间并没有显示出直接的关联，最大相关系数仅为0.1。

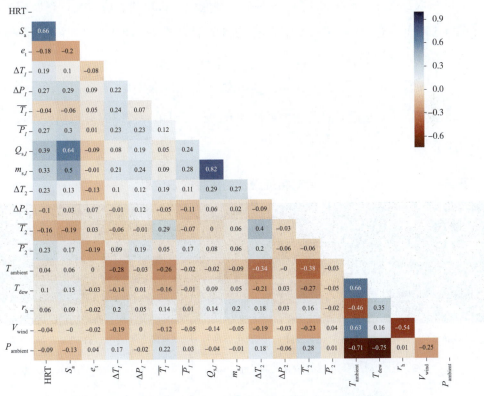

图2-11 温度延迟时间和不同特征之间的相关性矩阵

（3）特征融合。通过相关性分析发现原始特征中供热面积和延迟时间最为相关，其他特征和延迟时间的相关系数相对较低。然而，较低的皮尔森相关系数不能代表该特征与延迟时间没有关系，只能说明该特征与温度延迟时间的线性相关程度不高，但可能存在一些非线性关联，比如和其他特征结合后共同影响着二级网的延迟时间。因此，本章通过特征融合的方式（包括线性融合和非线性融合）来探究与温度延迟时间相关的融合特征。

关于特征融合的方法，分别采用了三种融合方法，分别是基于线性回归的融合、指数融合和基于多层感知机的融合。

基于线性回归和多层感知机算法的融合方法，其本质同样是构建一个基础的预测模型 $\hat{y}=f(x)$，将学习到的 $\hat{y}$ 作为新的融合特征，若映射函数 $f(\cdot)$ 是线性（如线性回归）函数，获得融合特征也将是原始特征的线性组合；若映射函数 $f(\cdot)$ 是非线性（如多层感知机）函数，获得的融合特征将是原始特征的非线性组合。

基于线性回归的特征初步融合结果见表2-5，可以发现，特征 S_a、ΔT_1、ΔT_2 和 ΔP_2 的系数在统计学上显著（基于 t 检验，P 值小于 0.05 代表该系数具有显著性）。因此选取这四个具有统计学意义的特征作为自变量，再次拟合延迟时间，最后获得的基于线性回归的融合特征为

$$F_{LR}=2118 \cdot S_a +594 \cdot \Delta T_1 +547 \cdot \Delta T_2 -458 \cdot \Delta P_2 \tag{2-54}$$

该融合特征和延迟时间的相关系数为 0.69，相对单一特征的最高相关系数（0.66）提升了 0.3。

表2-5　　　　　　　　　　针对特征融合的线性回归结果

依赖变量：	HRT		拟合优度：			0.508
模型：	LR		对数似然：			−2683.6
方法：	Least Squares					
特征	系数	标准差	t	$P>\lvert t\rvert$	[0.025	0.975]
const	798.5434	447.211	1.786	0.075	−81.114	1678.201
S_a	2066.5719	183.768	11.246	0	1705.102	2428.042
e_t	−21.2998	54.534	−0.391	0.696	−128.568	85.968
ΔT_1	592.4659	247.332	2.395	0.017	105.968	1078.964
ΔP_1	364.6567	233.936	1.559	0.12	−95.492	824.805
$\overline{T_1}$	−447.5243	496.499	−0.901	0.368	−1424.131	529.082
$\overline{P_1}$	54.6093	179.906	0.304	0.762	−299.263	408.482
$m_{s,1}$	−328.9664	292.56	−1.124	0.262	−904.429	246.496
$Q_{s,1}$	53.0268	261.118	0.203	0.839	−460.59	566.643

续表

特征	系数	标准差	t	$P>\lvert t \rvert$	[0.025	0.975]
ΔT_2	805.2378	196.766	4.092	0	418.201	1192.274
ΔP_2	−443.1807	176.105	−2.517	0.012	−789.578	−96.784
$\overline{T_2}$	−407.3362	286.743	−1.421	0.156	−971.356	156.684
$\overline{P_2}$	157.7572	108.545	1.453	0.147	−55.748	371.263
$T_{ambient}$	−276.2284	711.927	−0.388	0.698	−1676.58	1124.123
T_{dew}	618.301	714.224	0.866	0.387	−786.569	2023.171
r_h	−578.9559	663.502	−0.873	0.384	−1884.056	726.145
v_{wind}	−246.1202	184.043	−1.337	0.182	−608.13	115.89
$P_{ambient}$	137.9035	159.277	0.866	0.387	−175.393	451.2

除了特征线性融合，本文使用了三层的多层感知机去提取原始特征中的非线性关系，并将特征数据输入模型来拟合延迟时间，进而获得非线性特征融合特征 F_{MLP}。其中隐藏层的节点设置为 100 个，迭代次数设置为 200 代，激活函数使用 relu 函数。最终获得的融合特征 F_{MLP} 和延迟时间的相关系数达到 0.78。

对于通过指数融合的方法来组合特征，其本质和上述两个基于映射拟合的方法不同。基于指数融合的方法是将原始特征通过指数幂的形式结合在一起形成新的融合特征，如式（2-55）所示。

$$F_{EXP} = f_1^a \cdot f_2^b \cdots f_k^m \tag{2-55}$$

式中：$f_1, f_2, \cdots, f_k$ 为筛选出来的原始特征，$a, b, \cdots, c$ 为各特征需要确定的参数。通过在一个参数空间中搜索不同的参数组合，获取融合特征空间。在融合特征空间中计算各指数融合特征与延迟时间相关性系数，相关系数最大的特征作为最终的融合特征。显然指数融合特征也是一种非线性融合特征。

这里的参数搜索空间定义为 [-2,2] 区间，且搜索粒度为 0.1。最后的指数融合特征如式（2-56）所示。

$$F_{\text{EXP}} = (S_{\text{a}})^{0.5} \cdot (\Delta T_1)^{0.8} \cdot (\Delta P_1)^{0.5} \cdot (\overline{P_1})^{0.2} \cdot (1 - \Delta P_2)^{0.2} \cdot (\Delta T_2)^{0.2} \cdot (1 - \overline{T_2})^{0.5} \cdot (\overline{P_2})^{0.1} \quad (2\text{-}56)$$

对于最后参数搜索确定的指数融合特征 F_{EXP}，它和延迟时间的相关系数为 0.72。

可以看到，不管是线性融合特征还是非线性融合特征，经过不同方式的组合后都比单个特征与延迟时间的关联度更高。

4. 预测结果与讨论

基于相关性分析和特征工程，本文建立了四个机器学习模型来预测不同工况下的延迟时间。为了对比不同特征组合上的预测效果，所有特征被分为了三个数据集。数据集 1（FS1）包含了 17 个原始特征（包括天气数据，二级网运行数据和二级网属性数据），数据集 1 也被视作为基础特征集。考虑到融合特征提取并结合了原始特征中的线性和非线性关系，数据集 2（FS2）由三个融合特征组成（F_{LP}，F_{EXP} 和 F_{MLP}）。数据集 3（FS3）包含了所有的原始特征和 3 个融合特征。三个数据集的详细信息见表 2-6。

表 2-6　　　　　　　　　　三个数据集详细信息

数据集	特征	特征数量	输出
FS1	T_{s1}, T_{r1}, P_{s1}, P_{r1}, Q_{s1}, m_{s1}, T_{s2}, T_{r2}, P_{s2}, P_{r2}, T_{ambient}, T_{dew}, r_{h}, v_{wind}, P_{ambient}, S_{a}, e_{t}	17	HRT
FS2	F_{LR}, F_{EXP}, F_{MLP}	3	HRT
FS3	T_{s1}, T_{r1}, P_{s1}, P_{r1}, Q_{s1}, m_{s1}, T_{s2}, T_{r2}, P_{s2}, P_{r2}, T_{dew} T_{ambient}, r_{h}, v_{wind}, P_{ambient}, S_{a}, e_{t}, F_{LR}, F_{EXP}, F_{MLP}	20	HRT

应用了四种机器学习算法分别在三个数据集上来预测延迟时间。数据集按照 8:2 的比例进行随机切分，其中 80% 的数据作为训练集，20% 的数据作为测试集。图 2-12～图 2-15 展示了四种机器学习算法在三个测试集上不同的预测结果。同时，表 2-7 进一步对比了不同机器学习算法在三个测试集上的预测性能。

从数据集的维度来看，可以发现四个机器学习模型在 FS3 上的表现都比 FS1 要好。在表 2-7 中，以 R^2 为指标，线性回归算法在 FS3 上的性能相对在 FS1 上提升了高达 55%。其中，支持向量机算法在 FS3 上的性能相对 FS1 提升最少，为 4%。这是因为 FS3 通过特征融合提取了隐藏特征，同时保留了原始的全部特征信息。因此，四个机器学习模型在 FS3 上都具有更好的性能。对于线性回归模型，FS3 意味着在模型中引入了额外的新特征，这些特征的相关系数比原始特征的相关系数都要高，而线性回归模型相对比较简单，靠模型本身无法有效地提取出这些隐藏特征。因此，它在 FS3 上具有最高的性能提升。

再对比 FS2 和 FS1 两个数据集，R^2 指标在线性回归、支持向量机和随机森林中提升了 10% ~ 63% 不等，但是在 XGBoost 模型中降低了 9%。原因是对于更为复杂的模型比如 XGBoost，与原始特性相比，特征融合会丢失少量信息并影响模型性能；而在原始特征上，XGBoost 模型通过自学习的方式能够挖掘出其他相对简单模型无法提取到的信息。

从模型的维度来看，线性回归和支持向量机在 FS2 上表现最好。对于线性回归和支持向量机这两个相对简单的模型来说，从复杂信息中提取有用信息和隐藏特征的能力是有限的。而原始特征包含了噪声和冗余信息，因此仅使用融合特征时，线性回归和支持向量机都提高了对于温度延迟时间的预测性能。

不同模型整体对比结果表明，XGBoost 模型在预测二级网延迟时间的表现最好，R^2 最高可达 0.8，其次是 RF、SVR 和 LR。因为 XGBoost 在由原始和融合特征组成的 FS3 中有能力提取到足够多的有用信息。在本文中，融合特征不能涵盖所有可能的融合方法。但是，XGBoost 可以消化扩展数据集背后的内在关系，并利用更多的隐式信息。

表 2-7　　四种不同机器学习模型在三个数据集上的预测性能对比

数据集	线性回归			支持向量机		
	RMSE	MAE	R^2	RMSE	MAE	R^2
FS1	473.20	384.30	0.38	417.25	326.35	0.52
FS2	$381.20^{\uparrow 19\%}$	$308.20^{\uparrow 20\%}$	$0.62^{\uparrow 63\%}$	$367.10^{\uparrow 12\%}$	$296.32^{\uparrow 9\%}$	$0.62^{\uparrow 19\%}$
FS3	$388.44^{\uparrow 18\%}$	$320.68^{\uparrow 17\%}$	$0.59^{\uparrow 55\%}$	$405.47^{\uparrow 3\%}$	$314.81^{\uparrow 4\%}$	$0.54^{\uparrow 4\%}$
FS1	364.37	297.84	0.63	305.85	234.41	0.74
FS2	$332.35^{\uparrow 9\%}$	$263.71^{\uparrow 11\%}$	$0.69^{\uparrow 10\%}$	$348.83^{\downarrow 12\%}$	$259.76^{\downarrow 11\%}$	$0.67^{\downarrow 9\%}$
FS3	$331.71^{\uparrow 9\%}$	$266.90^{\uparrow 10\%}$	$0.69^{\uparrow 10\%}$	$269.28^{\uparrow 12\%}$	$205.26^{\uparrow 12\%}$	$0.80^{\uparrow 8\%}$

低碳智慧供热工程技术

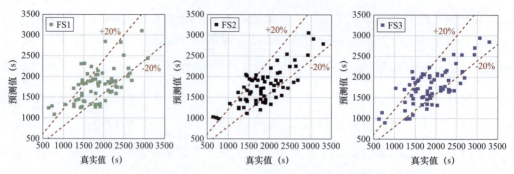

图 2-12　线性回归算法在三个数据集上的预测值和真实值对比

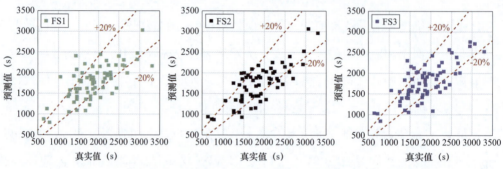

图 2-13　支持向量机回归算法在三个数据集上的预测值和真实值对比

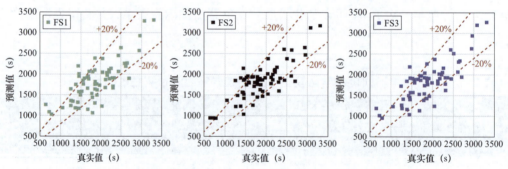

图 2-14　随机森林算法在三个数据集上的预测值和真实值对比

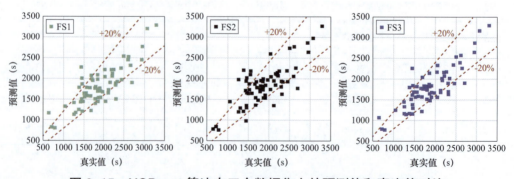

图 2-15　XGBoost 算法在三个数据集上的预测值和真实值对比

2.2.3 结合温度延迟时间的热力站预测性调控建模

1. 建模框架与流程

热力站调控主要是通过改变一次侧回水阀门开度来对二次供、回水温度进行调控。本节针对当前城市集中供热系统热力站调控存在的问题，结合实际的热力站运行数据及天气数据，搭建了一种基于机器学习的热力站预测性调控模型，建模框架如图2-16所示。

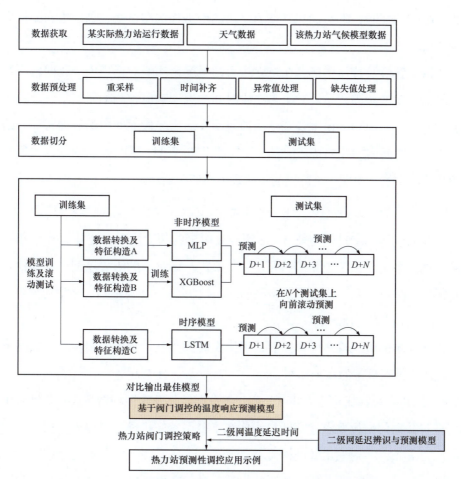

图2-16 结合温度延迟时间的热力站预测性调控建模框架

2. 基于阀门调控的热力站温度响应预测建模

热力站调控主要是通过改变一次侧回水阀门开度来对二次供、回水温度进行调控。在外部环境变化时，由于对热力站的调控不精准，导致调控人员出现"调控——稳定——再调控"的反复过程，过程中会长时间出现"欠供"或"过供"的情形。其本质原因是基于人工经验难以厘清二级网的供、回水温度、压力、流量、阀门开度及外部天气之间非线性的复杂关系，无法预知在设定的热力站阀门调控动作下，供水温度会如何响应。因此，本节基于机器学习来建立在阀门调控动作下热力站温度响应模型。

（1）数据切分。将预处理后的数据进行切分，分割为两个数据集分别作为训练集和测试集。本章建立的模型是一个与时间序列相关的预测问题，因此按时间顺序对训练集和测试集进行分割。将 2019 年 11 月 21 日至 2020 年 1 月 21 日的数据作为训练集，将 2020 年 1 月 22 日至 2020 年 2 月 7 日的数据作为测试集，训练集和测试集的比例约为 8∶2。

（2）数据转换及特征构造、在建立热力站温度预测响应模型中，数据转换及特征构造是最为关键的步骤之一。对未来一段时间的温度响应预测本质上是一个时间序列预测问题，温度响应预测模型是基于当前时间及历史一段时间内的数据特征，结合已知的未来一段时间内的外部特征信息（天气预报和阀门设定开度），对未来一段时间的目标特征（二次供水温度）进行预测，如式（2-57）所示。

$$\hat{y}_t, \hat{y}_{t+1} \cdots \hat{y}_{t+N} = f(y_{t-1} \cdots y_{t-M}, x_{t-1}^1 \cdots x_{t-M}^1, x_{t-1}^m \cdots x_{t-M}^m, x_t^p \cdots x_{t+N}^p, x_t^q \cdots x_{t+N}^q) \qquad (2-57)$$

其中输入包括：①目标特征从 $t-1$ 到 $t-M$ 时刻的历史序列；②其他 m 个相关的外部特征（如采集的压力、流量等特征）从 $t-1$ 到 $t-M$ 时刻的历史序列；③其他 $q-p$ 个外部特征（如时刻、天气等特征）从 t 到 $t+N$ 时刻的未来信息序列。输出为预测的目标特征从 t 到 $t+N$ 时刻的预测值。

在构建样本的输入输出时，需要根据历史时间步长、预测时间步长将数据重新组织为可以用于模型训练的多个样本。

1）数据转换及特征构造方式 A。第一类数据转化及特征构造方式主要针对多层感知机模型对数据的结构要求进行转换和构造。多层感知机模型对输入数据的结构要求是（n_{samples}，n_{features}），对输出的结构要求是（n_{samples}，n_{outputs}）。其中 n_{samples} 代表样本个数，n_{features} 代表特征数量，n_{outputs} 代表预测的步数。对于考虑不同的历史时间步数和预测步数，其对应的特征数量都不相同，下面以考虑前 4 步（$n_{\text{inputs}}=4$）的历史数据特征，预测未来 4 步（$n_{\text{outputs}}=4$）的目标特征为例，来详细解释该数据转换和特征构造的方式。数据转换与特征构造方式 A 示意图如图 2-17 所示，对于示例中的数据，前四个时刻（7:00～10:00）均没有足够的历史时间数据，无法构造样本。第一个样本从 10:00 开始构造，每个样本的历史特征考虑前 4 步，因此特征 1 到特征 14 从 7:00 到 10:00 的 4 步历史数据被纳入样本 1 中；此外，对于提前预知的特征，包括天气预报数据和阀门预设开度数据，提取和预测时间相对应的数据，即 11:00 ~ 14:00 的天气预报数据和阀门设定开度数据。将历史特征数据与预知特征数据合并展开，构成样本 1 的输入特征向量 x_1，特征数有 $4\times12+4\times2=56$ 个特征。同时，对未来要预测的目标特征取对应时间的数据（11:00 ~ 14:00 的二次供水温度数据）作为样本 1 的输出 y_1，其中包括 4 步预测值。至此，完成一个样本的数据转换及特征构造。同样地，将时间向前滚动一步，将 8:00 ~ 11:00 的 12 个历史特征和 12:00 ~ 15:00 的 2 个预知特征合并、展平作为样本 2 的输入特征向量 x_2，将 12:00 ~ 15:00 的目标特征作为样本 2 的输出 y_2。以此不断向前滚动构造输入和输出样本。

将特征展平，获得样本1输入特征x_1 样本1输出y_1

时间	特征1（阀门开度）	特征2（一次供温）	特征3（一次供压）	……	特征12（二次回温）	预报天气	阀门预设开度	目标特征（二次供温）
2020/1/7 7:00	20	84.41	0.80		42.70	-2.2	20	20
2020/1/7 8:00	20	85.58	0.81		42.18	-1.2	20	20
2020/1/7 9:00	20	86	0.82		42.09	0	20	20
2020/1/7 10:00	20	86	0.82		41.98	1	20	20
2020/1/7 11:00	20	86.25	0.86		42.14	1.8	20	20
2020/1/7 12:00	19.5	90.91	0.85		42.31	2.4	19.5	19.5
2020/1/7 13:00	18	92.66	0.85		42.60	2.9	18	18
2020/1/7 14:00	18	92.91	0.84		42.45	3	18	18
2020/1/7 15:00	18	92.66	0.85		42.39	2.9	18	18
2020/1/7 16:00	18	92.33	0.85		42.25	2.5	18	18
……								

向前滚动构造样本

将特征展平，获得样本2输入特征x_2 样本2输出y_2

图 2–17　数据转换与特征构造方式 A 示意图

按照这个方式，数据转换及特征构造方式 A 所构造的样本中包含如下输入特征：① $t-1$ 到 $t-n_{\text{inputs}}$ 历史时刻的二次供水温度（目标特征）序列值；② $t-1$ 到 $t-n_{\text{inputs}}$ 历史时刻的一次瞬时热量、一次供水温度、一次回水温度、一次供水压力、一次回水压力、一次供回水压差、一次瞬时流量、一次供水阀门开度、二次供水压力、二次回水压力、二次回水温度等 11 个外部特征序列值；③未来 t 到 $t+n_{\text{outputs}}$ 时刻的一次供水阀门开度序列值；④未来 t 到 $t+n_{\text{outputs}}$ 时刻的外部气温预报值。样本的输出特征为未来 t 到 $t+n_{\text{outputs}}$ 时刻的二次供水温度预测值。

2）数据转换及特征构造方式 B。数据转换及特征构造方式 B 是针对 XGBoost 模型对数据的结构要求进行转换和构造。转换的基本方法和流程和图 2-17 所示方法基本一致，唯一不同的地方是 XGBoost 无法像神经网络一样进行多输出预测，只能进行单步预测。因此该特征构造方式中的输出只能为 1 步，即 $n_{outputs}=1$。本文通过构建多个 XGBoost 模型来实现多步预测，该多步预测框架会在 4.2.4 节中详细阐述。对于第 i（$i \leq n_{outputs}$）个 XGBoost 模型，根据数据转换及特征构造方式 B 所构造的样本输入包括：① $t-1$ 到 $t-n_{inputs}$ 历史时刻的二次供水温度（目标特征）序列值；② $t-1$ 到 $t-n_{inputs}$ 历史时刻的一次瞬时热量、一次供水温度、一次回水温度、一次供水压力、一次回水压力、一次供回水压差、一次瞬时流量、一次供水阀门开度、二次供水压力、二次回水压力、二次回水温度等 11 个外部特征序列值；③未来 $t+i$ 时刻的一次供水阀门开度值；④未来 $t+i$ 时刻的外部气温预报值。样本的输出特征为未来 $t+i$ 时刻的二次供水温度预测值。

3）数据转换及特征构造方式 C。数据转换及特征构造方式 C 是针对 LSTM 模型对数据的结构要求进行转换和构造。转换的基本方法和流程和图 2-17 所示的方法基本一致，不同的是 LSTM 的输入向量会继续保持时序结构，因此在特征构造方式 A 的最后不再对合并后的历史特征和预知特征进行展平。此外，历史特征和外部预知特征需要有同样的长度，最后构成的训练集结构为（$n_{samples}$，n_{inputs}，$n_{features}$）。按照这个方式，数据转换及特征构造方式 C 所构造的样本中包含如下输入特征：① $t-1$ 到 $t-n_{inputs}$ 历史时刻的二次供水温度（目标特征）序列值；② $t-1$ 到 $t-n_{inputs}$ 历史时刻的一次瞬时热量、一次供水温度、一次回水温度、一次供水压力、一次回水压力、一次供回水压差、一次瞬时流量、一次供水阀门开度、二次供水压力、二次回水压力、二次回水温度等 11 个外部特征序列值；③未来 $t-1+n_{outputs}$ 到 $t-n_{inputs}+n_{outputs}$ 时刻的一次供水阀门开度序列值；④未来 $t-1+n_{outputs}$ 到 $t-n_{inputs}+n_{outputs}$ 时刻的外部气温预报值。样本的输出特征为未来 t 到 $t+n_{outputs}$ 时刻的二次供水温度预测值。

3. 模型训练

通过特征转换后的数据可以用于模型训练。上一节中不同的模型对应不同的数据转换及特征构造的方式，主要差异在输入步长、输出步长，以及是否需要将时序特征展平。不同模型在特征类型的选取上均一致，热力站温度响应预测模型的输入的特征类型有：历史时刻的一次供水温度、一次回水温度、一次供水压力、一次回水压力、一次压差、一次阀门开度、一次瞬时热量、一次瞬时流量、二次供水温度、二次回水温度、二次供水压力、二次回水压力；未来时刻的预报气温、一次供水阀门开度特征；一共 14 个输入特征，预测目标为二次供水温度。

在模型训练的过程中，每个模型都有相应的超参数需要配置，如多层感知机模型中的隐藏层数量、每个隐藏层的节点数、激活函数的选择；XGBoost 模型中的最大深度、学习率、评估器数量等等。本文通过交叉验证以及网格搜索来确定关键的超参数。需要提出的是，对于超参数的配置和搜索并不是本文的研究重点，本文的主要目标为基于机器学习建模的方式来实现热力站预测性调控，并指导工程实践。因此，各个模型的超参数均直接给出网格搜索后的最佳参数结果，未搜索的参数则使用默认值。此外模型参数需要改变的是在特征构造和数据转换时考虑的输入步长和预测步长。结合专家知识和实际工程逻辑，本文考虑的输入步长有 6、12、24、48、72 步（每个步长代表 1h 时），预测步长有 6、12、24 步，即最长是预测未来一天的目标变量数据，其中输入步长不短于输出步长。

（1）MLP。本章搭建的 MLP 模型包含了一个输入层（input_layer），两个隐藏层（dense_layer），以及一个输出层，该 MLP 神经网络的结构如图 2-18 所示。每个隐藏层的节点数均设置为 100，激活函数均为 relu 激活函数，优化方法设置为 Adam 优化算法，损失函数为平均平方误差 MSE。训练模型时的最大迭代次数为 200 次，batch_size 设置为 16。在模型配置好后，将训练数据代入模型中进行训练。

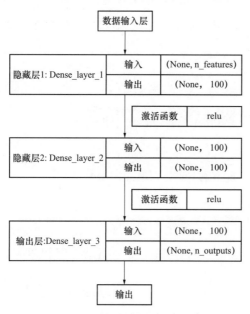

图 2-18 MLP 模型结构示意图

（2）XGBoost。XGBoost 模型在训练时需要配置较多的参数，其中部分关键参数通过交叉验证和网格搜索来确定，最终确定的参数配置情况见表 2-8，表中未声明的参数则用默认值。

表 2-8 　　　　　　　　　　　　XGBoost 模型超参数配置

超参数名称	参数值
max_depth	6
learning_rate	0.01
n_estimators	1200
gamma	0.1
max_delta_step	0
subsample	0.7

其中，max_depth 代表树的最大深度，learning_rate 代表学习率，n_estimators 代表评估器数量，gamma 指定了节点分裂所需的最小损失函数下降值，max_delta_step 参数限制每棵树权重改变的最大步长，subsample 参数控制对于每棵树，随机采样的比例。

XGBoost 模型只能进行单步预测，本文通过构建多个 XGBoost 模型分别预测未来的第 1 步，第 2 步，…，第 k 步目标值，模型多步预测的框架如图 2-19 所示。

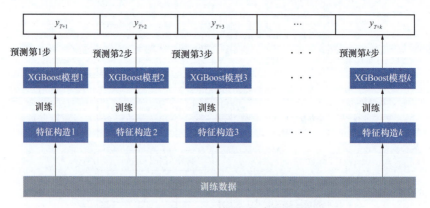

图 2-19　XGBoost 模型多步预测框架

对每一个子模型进行对应的特征构造，以第一个模型为例进行说明，其输入特征包括设定步长 n_{inputs} 下的历史特征数据，未来第一步（$T+1$ 时刻）的天气预报数据、阀门预设数据。输出未来 $T+1$ 时刻的二次供水温度值。以此方式构建好样本并训练第一个模型。同理训练其他预测时间步上对应的 XGBoost 模型。

（3）LSTM。本章搭建的 LSTM 模型包含了一个输入层，两个隐藏层（第一层为 LSTM 层，第二层为全连接层），以及一个输出层，该 LSTM 神经网络的结构如图 2-20 所示。每个隐藏层的节点数均设置为 100，激活函数均为 relu 激活函数，优化方法设置为 adam 优化算法，损失函数为平均平方误差 MSE。训练模型时的最大迭代次数为 100 次，batch_size 设置为 16。在模型配置好后，将训练数据代入模型中进行训练。

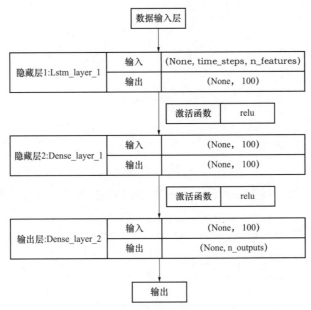

图 2-20　LSTM 模型结构示意图

4. 温度响应预测模型结果与分析

将训练好的模型在测试集上进行如图 2-19 所示的滚动预测，测试集包含 17 天的数据。下面分别对基于 MLP、XGBoost 和 LSTM 建立的三个温度响应模型在测试集上的预测表现结果进行讨论和分析。

（1）MLP 模型预测结果及讨论

图 2-21 ~ 图 2-23 展示了 MLP 模型在不同的输入步长下分别预测未来 6 步、12 步和 24 步的逐步预测误差（RMSE），图例"MLP_6_6"代表 MLP 模型的输入步长为 6 步，输出步长为 6 步，其他图例同理。表 2-17 列出了不同输入步长、输出步长下模

型的平均误差（RMSE）结果。从图 2-21 和图 2-22 中可以看出，预测步数在 12 步之内的时候，预测误差随着预测步数的增加而呈现上升趋势，这是由于预测的步数越长，离当前的时间点越远，时序数据之间的内联关系会减弱，预测的难度也会增大，因此误差会增大。但这样的规律也并非绝对的，与数据本身的自相关性等因素相关。如图 2-23 所示，在预测的第 15 步开始误差较前面有所下降，在预测的第 16 步达到一个相对极小值。

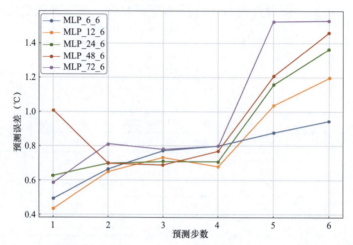

图 2-21　MLP 模型不同输入步长下预测未来 6h 二次供水温度的误差

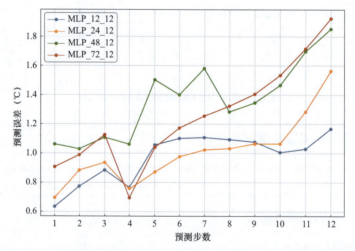

图 2-22　MLP 模型不同输入步长下预测未来 12h 二次供水温度的误差

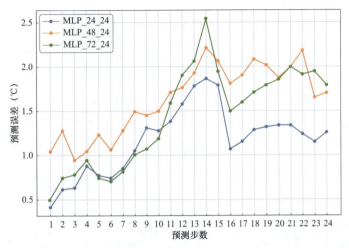

图 2-23　MLP 模型不同输入步长下预测未来 24h 二次供水温度的误差

从预测的步长维度来看，对 MLP 模型来说，预测的步长越长，预测的平均误差越大，见表 2-9，在输入步长为 24 步时，输出步长为 6、12、24 时对应的 RMSE 分别为 1.038、1.113、1.44；同理在输入步长分别为 48、72 时也有同样的规律。

表 2-9　　　　　　　　　　MLP 模型对二次供水温度预测误差

输入步数	预测步数		
	6	12	24
6	0.888	—	—
12	1.173	1.051	—
24	1.038	1.113	1.44
48	1.363	1.5	1.875
72	1.149	1.589	1.684

从输入的步长维度来看，对于 MLP 模型来说，并非输入的历史步数越长、特征越多，预测效果就越好。相反，在输入步数增多时，预测的误差有增大趋势，以预测步数为 12 为例，在输入的历史步长分别为 12、24、48、72 时，对应的预测误差分别为 1.051、1.113、1.5、1.589。其中的原因可能为对于历史数据中离预测时间点越远的数据，与预测的目标特征之间的关系越弱，MLP 模型无法有效地提取到有用信息。相反，过多的输入信息增加了噪声和干扰，使得模型在训练时受到噪声的干扰较多，预测误

差增大。

（2）XGBoost模型预测结果及讨论．图2-24～图2-26展示了XGBoost模型在不同的输入步长下分别预测未来6步、12步和24步的逐步预测误差（RMSE）。表2-10列出了不同输入步长、输出步长下模型的平均误差（RMSE）结果。

从图2-24～图2-26中展示的逐步预测误差来看，对于本模型所用的数据在第3～6步最难预测，不同的历史步长和预测步长下，XGBoost模型均在未来第3～6步的预测上出现误差极大值。逐步的预测误差并没有如MLP模型一样呈现随步长增加而明显上升的趋势。

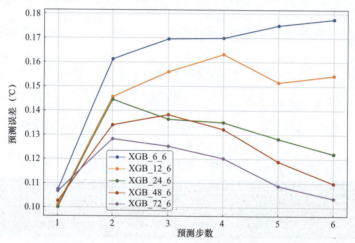

图2-24　XGBoost模型不同输入步长下预测未来6h二次供水温度的误差

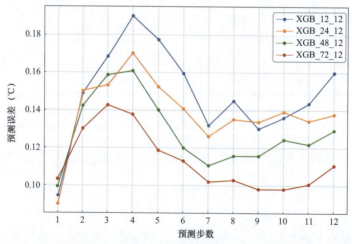

图2-25　XGBoost模型不同输入步长下预测未来12h二次供水温度的误差

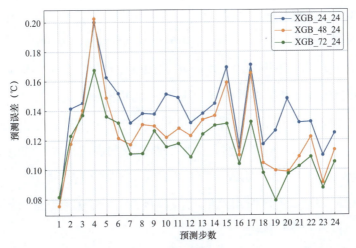

图 2-26　XGBoost 模型不同输入步长下预测未来 24h 二次供水温度的误差

从总的预测步长来看，XGBoost 模型的平均预测差并没有随着预测步长的增加而呈现上升趋势。从表 2-10 中可以看出，对于输入步数为 12、24、48 时，其预测步数都是为 12 步时平均误差最大。

表 2-10　　　　　　　　　　XGBoost 模型二次供水温度预测误差

输入步数	预测步数		
	6	12	24
6	0.162	—	—
12	0.147	0.151	—
24	0.129	0.14	0.141
48	0.123	0.13	0.128
72	0.116	0.114	0.117

从输入的步长来看，当输入步长越长，预测步数不论是 6 步、12 步还是 24 步，XGBoost 模型的平均预测误差均随着输入步长的增加而减少。如表 2-10 所示，在预测步数为 6 步时，输入步数在 6、12、24、48、72 时对应的平均预测误差分别是 0.162、0.147、0.129、0.123、0.116。同理对于预测步数为 12 步和 24 步时也具有同样特征，这说明对于 XGBoost 模型用于预测二次供水温度的场景来说，样本中包含的历史步长越长（在 72 步以内），预测的精度越高。如 3.5.2 节中的讨论类似，其原因是 XGBoost 模型通过集成了多个预测器而具有较强的信息提取能力，当输入的历史步长越长时，包含的历史信息越多，XGBoost 都能有效地将有用信息提取从而提升预测性能。

（3）LSTM 模型预测结果及讨论。图 2-27 ~ 图 2-29 展示了 LSTM 模型在不同的输入步长下分别预测未来 6 步、12 步和 24 步的逐步预测误差（RMSE）。表 2-11 列出了不同输入步长、输出步长下模型的平均误差（RMSE）结果。其中，与 MLP 和 XGBoost 模型配置不同的是，LSTM 模型并没有使用 72 步的历史步长进行试验，因为输入步长过长在 LSTM 中训练时间很长，且容易造成梯度爆炸，无法形成有效预测。从图中可以明显发现，当输入步长在 48 步时，模型的整体预测误差远大于其他较小的输入步长。以预测步长为 6 步为例，输入步数在 6、12、24 的平均误差分别为 0.837，0.839 和 1.379，而在输入步长为 48 时误差陡增到 14.083。当误差达到这个级别对于二次供水温度的预测已经没有任何意义。

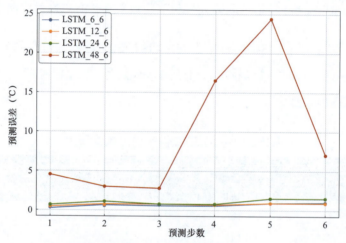

图 2-27　LSTM 模型不同输入步长下预测未来 6h 二次供水温度的误差

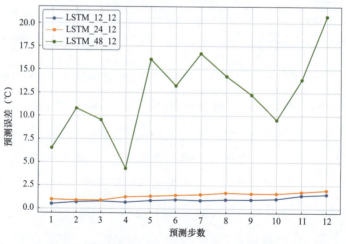

图 2-28　LSTM 模型不同输入步长下预测未来 12h 二次供水温度的误差

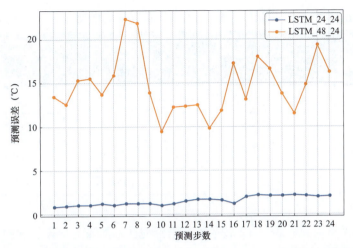

图 2-29　LSTM 模型不同输入步长下预测未来 24h 二次供水温度的误差

从预测步长维度来看，随着预测步长的增加，LSTM 模型的平均预测误差也呈上升趋势，见表 2-11。以输入步长为 24 步为例，当预测步长为 6、12、24 时，对应的预测平均误差分别为 1.379、1.676、1.714。在输入步长为 12 或 48 时，同样满足该规律。

从输入步长维度来看，输入步长越长，LSMT 模型的预测误差越大。以预测步长为 6 为例，当输入步长分别为 6、12、24、48 时，对应的平均预测误差分别为 0.837、0.839、1.379 和 14.083。可以看出，虽然 LSTM 是可以专门用于时间序列预测的模型，其模型内部会保留特征之间的时序信息以及前后内在的关联，但并非意味着输入步长越长，预测精度就会越高。这需要结合具体问题以及专家知识来判定。在供热系统中，未来短期（几小时内）的工况与当前工况、外部天气特征有紧密联系，但对于 1 天甚至 2 天之前的工况，特征之间在时间上的关联性很弱。且热力站的调控并不如水、电之类的消费模式，每天有明显的峰谷期和季节性规律；二级网的调控主要受外部天气影响，且调控是粗粒度、经验式的，因此当前供热系统中的数据虽然也是以时间序列的形式采集，但从中短期来看并不具有明显的时间序列特征（如趋势性、季节性、周期性等）。因此在输入时间步数过长（如 48 步）后，其预测误差陡然增加。在输入步长和预测步长均为 6 步时预测效果最好，误差为 0.837。

表 2-11 　　　　　　LSTM 模型二次供水温度预测误差

输入步数	预测步数		
	6	12	24
6	0.837	—	—
12	0.839	1.143	—
24	1.379	1.676	1.714
48	14.083	15.018	21.317

（4）不同模型对比。表 2-12 展示了三个模型在不同输入步长、预测步长下的平均预测误差。可以看到，XGBoost 模型在所有的输入步长、预测步长组合中表现均远优于 MLP 模型和 LSTM 模型。XGBoost 模型预测的最小误差为 0.114（输入步长为 72，预测步长为 12 时），达到了一个较高的预测精度。而对于所有输入步长和预测步长的组合，XGBoost 模型的最大预测误差为 0.162（输入步长为 6，预测步长为 6 时），同样达到了较高的预测精度。对于 MLP 模型和 LSTM 模型，在输入步长为 6 和 12 时，这两个模型的表现相当。在输入步长为 24 时，MLP 的模型略优于 LSTM 模型。

表 2-12 　　　　　　不同模型预测平均误差对比

输入步数	MLP			XGBoost			LSTM		
	6	12	24	6	12	24	6	12	24
6	0.888	—	—	0.162	—	—	0.837	—	—
12	1.173	1.051	—	0.147	0.151	—	0.839	1.143	—
24	1.038	1.113	1.44	0.129	0.14	0.141	1.379	1.676	1.714
48	1.363	1.5	1.875	0.123	0.13	0.128	14.083	15.018	21.317
72	1.149	1.589	1.684	0.116	0.114	0.117	—	—	—

因此，根据上面对每个模型在不同输入步长、预测步长下的表现对比以及模型之间的对比，可以发现 XGBoost 模型在通过历史特征、预报气温和阀门设定开度去预测未来二次供水温度的场景下表现最好。由于不同输入步长、预测步长组合下 XGBoost 模型均能达到较高的预测精度，满足实际的热力站调控需求。因此，考虑到模型计算时间、模型复杂度以及实际的工程应用需求，将训练后的输入步长 24，预测步长 24 的

XGBoost 模型作为热力站温度响应预测模型。

图 2-30 展示了 XGBoost 模型（输入步长 24，预测步长 24）在试验热力站上的温度响应预测模型在测试集上的预测结果，可以发现预测值与实际值较为接近，在部分存在调控动作、温度变化范围较大的时段（1月25日附近、2月6日附近）也能准确预测，在测试集上的均方误差为 0.141℃，可以验证该模型用于预测热力站温度响应是准确、可靠的。

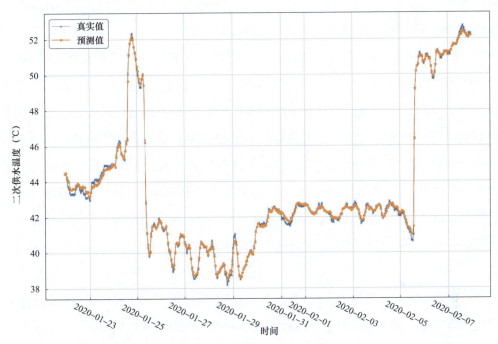

图 2-30　XGBoost 模型（输入步长 24，预测步长 24）在测试集上的
预测值与实际值对比

2.3　多模式调峰供热机组厂内负荷分配优化方法

2.3.1　电厂数字模型构建方法

1. 电厂热力系统建模理论

对多模式调峰供热机组厂内负荷分配优化的研究，需要建立在准确高效的电厂热力系统映射模型的基础上。电厂热力系统映射模型的作用在于获取电厂在不同工况下的输入，计算获得该工况下热力系统的各项性能参数，实现对实际热力系统运行状态的预测。目前常规的热电联产机组所组成的热力系统，从设备组成来说，包含锅炉、

汽轮机、管道及各式换热器；从工质流程上说，包含蒸汽流程和水流程。

构建电厂热力系统映射模型的方法，从原理上可以分为机理建模与数据建模两类。机理建模即了解系统内部的全过程，通过确定的数学关系和方程来描述系统，模型的输入和输出之间有确定的关系。但是，针对电网调度中心频繁下发的负荷指令，运算效率低下的机理模型无法满足实际需求。数据建模方法则通过大量的工况数据样本，通过机器学习方法预测输入与输出之间的映射关系。但是，电厂机组的实际运行数据库虽然数量巨大，但是出于安全考虑，电厂会控制机组负荷的调节范围，因此历史运行数据无法涵盖模型辨识修正所需要的广泛的负荷区间。

本节提出一种电厂热力系统映射模型的构建方法，基于机理模型拓展工况数据样本，进而采用数据建模方法构建电厂热力系统的映射模型，其实质是一个机理模型的数据代理模型。数据代理模型结合了机理模型的精确性和数据模型的高效性，可起到较好的机组性能预测效果。以精确的机理模型作为基础，获得准确的输入输出数据，然后结合数据模型计算能力强、使用方便的特点，构建机理模型的数据代理模型，并且在使用过程中可持续基于实际运行数据加以辨识修正。通过上述方法构建的电厂热力系统映射模型，可以不依赖于仿真系统运行，显著降低模型的计算成本，同时计算效率也更高，在机组实时优化时有更好的时效性。本建模方法具体分为三个步骤：

（1）基于已知、完整的电厂热力系统结构建立机理模型，并利用设计数据或有限工况的运行数据对模型加以修正，得到高精度的电厂热力系统机理模型。借助设计结构和机理知识完成多个工况下机理模型的构建，然后通过设计数据或一定的运行数据加以修正。

（2）在高精度机理模型的基础上，构建多组工况，通过机理仿真系统获得电厂多工况乃至全工况范围的运行数据，实现对数据样本的拓展。通过仿真系统驱动机理模型计算，获得大量的输入输出数据，这些数据将作为数据建模的基础。

（3）确定输入状态变量与输出的特性参数，运用数据建模方法构建输入与输出之间的映射关系，构成电厂热力系统映射模型，以替代依赖于高成本机理仿真系统的机理模型，实现电厂性能的在线预测。在构建数据模型的过程中，选取与电厂实际调控流程相符合的输入输出，以及展示电厂整体运行特性的能效参数，构建数据集，通过机器学习方法构建输入输出之间的映射关系，实现数据模型对机理模型的替代，完成电厂热力系统映射模型的构建。

本建模方法主要的方法流程如图 2-31 所示。

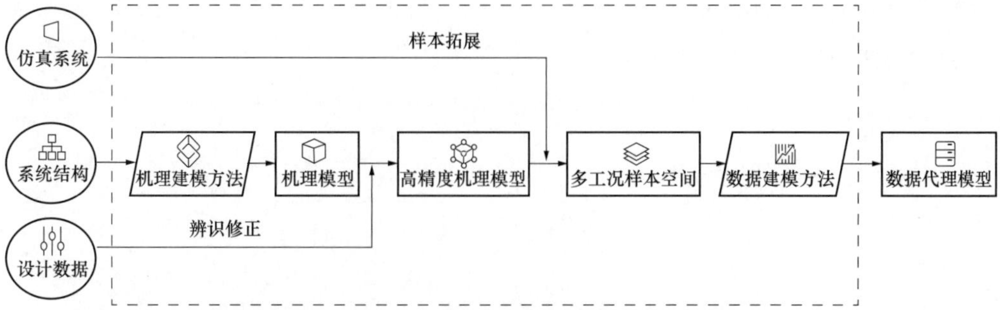

图 2-31 电厂热力系统映射模型的构建流程

2. 基于模块化方法的电厂机理模型构建

本建模方法构建的电厂热力系统映射模型的实质为数据代理模型，数据模型的精确程度则很大程度依赖于机理模型的精确度和构建工况的计算结果。

机理模型依据热力学原理与守恒定律构建。蒸汽、给水在整个循环系统中维持质量流量的平衡；加热器和凝汽器部分遵循能量的守恒。此外，汽水要满足物性方程的约束。在上述的条件下，可根据系统流程与设备结构来构建机理模型。机理模型的构建采用模块化的方法，由于机理模型的构建借助于成熟的仿真平台，因此对模型的解算部分不加叙述，仅对所使用模块的基本方程和不同供热模式模型的参数设置方式进行阐述。

（1）电厂设备模块的构建。对典型的部件的建模方式简述如下。

1）锅炉（蒸汽发生器）模块。将锅炉简化为一个蒸汽发生器，建立其进出口汽水之间的关系方程。

锅炉中的质量平衡方程：

$$D_m = D_w \tag{2-58}$$

锅炉中的能量平衡方程：

$$D_m(h_m - h_w) + D_{rh}(h_{rh} - h_{rhc}) = \eta_b M_{fuel} Q_{net} \tag{2-59}$$

式中：D_m 为主蒸汽质量流量，kg/s；D_w 为主给水质量流量，kg/s；h_m 为主蒸汽焓值，kJ/kg；h_w 为主给水焓值，kJ/kg；D_{rh} 为再热蒸汽质量流量，kg/s；h_{rhc} 为再热蒸汽焓值，kJ/kg；h_{rhc} 为再热蒸汽冷段焓值，kJ/kg；η_b 为锅炉效率；M_{fuel} 为燃料质量流量，kg/s；Q_{net} 为燃料的低位发热量，kJ/kg。

2）汽轮机（级组）模块。将汽轮机按照抽汽的管道数量分割为若干的级组，并将每个机组简化为一个能量转化的模块。

汽轮机级组质量平衡方程：

$$D_{in}=D_{out}+D_{ex} \tag{2-60}$$

汽轮机级组能量平衡方程：

$$P_t=\eta_{is}D_{in}(h_{in}-h_{out}) \tag{2-61}$$

$$\eta_{is}=\frac{h_{in}-h_{out}}{h_{in}-h_{out,is}} \tag{2-62}$$

式中：D_{in} 为汽轮机级组进口蒸汽质量流量，kg/s；D_{out} 为汽轮机级组出口蒸汽质量流量，kg/s；D_{ex} 为汽轮机级组抽汽质量流量，kg/s；P_t 为汽轮机级组功率，kW；h_{in} 为汽轮机级组进口蒸汽焓值，kJ/kg；h_{out} 为汽轮机级组实际出口蒸汽焓值，kJ/kg；η_{is} 为等熵效率；$h_{out,is}$ 为汽轮机级组出口理想膨胀时的蒸汽焓值，kJ/kg。

3）换热器模块。对间壁式换热器而言，汽水分为热流与冷流，流体的温度由热交换方程和端差确定。

换热器中的质量平衡方程：

$$D_{ex}+D'_{sh}=D_{sh} \tag{2-63}$$

换热器中的热平衡方程：

$$\delta_t=t_{s.in}(P_s)-t_{w,out} \tag{2-64}$$

$$D_{ex}(h_{s,in}-h_{s,out})=D_w(h_{w,out}-h_{w,in}) \tag{2-65}$$

式中：D_{ex} 为本级加热器进汽质量流量，kg/s；D'_{sh} 为上一级加热器疏水质量流量，kg/s；D_{sh} 为本级加热器疏水质量流量，kg/s；δ_t 为端差，K；$t_{s,in}(P_s)$ 为加热器热流进口蒸汽饱和压力 P_s 下的温度，K；$t_{w,out}$ 为换热器冷流出口温度，K；$h_{s,out}$ 为换热器热流出口焓值，kJ/kg；$h_{s,in}$ 为换热器热流口疏水焓值，kJ/kg；$h_{w,in}$ 为换热器冷流进口焓值，kJ/kg；$h_{w,out}$ 为换热器冷流出口焓值，kJ/kg。

4）电锅炉模块。电锅炉的作用是使用电加热的方式，加热给水生产供热蒸汽，将电能直接转化为蒸汽的热能。一方面，电锅炉可以消耗过多的电能，减少电能的浪费，且降低了机组向外的供电负荷，可参与电网整体的调峰，获得补贴收益；另一方面，电锅炉生产供热蒸汽，也可满足城市的供热需求。

电锅炉的对汽水的作用就是消耗电能，转化为蒸汽的热能，因此也将其视作一个

能量转化的简单节点，其方程可描述为

$$\sum D_{i,\text{eb}}(h_{\text{out,eb}} - h_{\text{in,eb}}) = P_{\text{eb}}\qquad(2\text{-}66)$$

式中：$D_{i,\text{eb}}$ 为进入第 i 台电锅炉的汽水质量流量，kg/s；$h_{\text{out,eb}}$、$h_{\text{in,eb}}$ 为汽水经过电锅炉前后的焓值，kJ/kg；P_{eb} 为电锅炉消耗的电能，kW。

（2）模型的基本工况和多工况计算模式。为使机理模型能够在不同工况的场景下具备泛用性，设计在基本工况和多工况两种模式下的计算形式和流程。

1）机组基本工况的计算。基本工况是指作为多工况计算基准的工况，一般采用机组纯凝100%负荷率的设计工况。在基本工况的计算中，以机组的主蒸汽参数、给水参数分别作为机组的输入，按照蒸汽和给水的顺序流程分别进行计算，在凝汽器的位置达到平衡。电厂热力系统模型在基本工况下计算方式如图 2-32 所示。

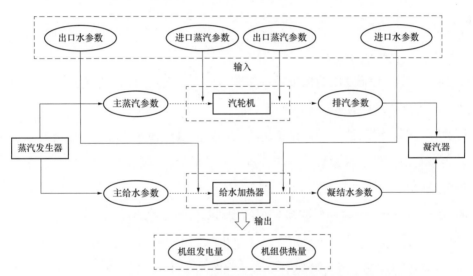

图 2-32　电厂机组系统基本工况的计算方式

2）机组多工况的计算。在煤电机组的实际运行中，由于需要接受电网的调度，工况的变化十分频繁。机组多工况计算的目的是工况发生变化时，能仅根据工况变化的特征参数，迅速准确地预测多工况条件下机组的参数。模型在多工况条件下的计算方式如图 2-33 所示。

在基本工况模型的基础上，在汽轮机、蒸汽发生器、换热器等模块中分别输入多工况曲线。设备的多工况曲线是指工况变化时设备的参数随着工况条件变化趋势的经验曲线，代表设备在不同工况条件下的性能水平，如式（2-67）所示。

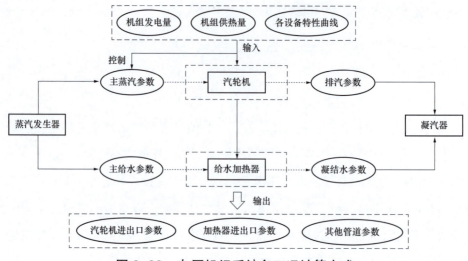

图 2-33　电厂机组系统多工况计算方式

$$\frac{\text{para}}{\text{para}_\text{N}} = f\left(\frac{D}{D_\text{N}}\right) \qquad (2-67)$$

式中：para 为随着工况变化的机组设备参数，如主蒸汽压力、汽轮机级效率、换热器端差等；D 为流经设备的蒸汽质量流量，kg/s；下标 N 为基本工况。

因此，当多工况条件下经过设备的蒸汽质量流量已知的条件下，可通过多工况曲线来获得该流量下设备的参数。再结合质量流量平衡、热量平衡以及其他工程经验公式，即可对机组在多个工况下的运行进行仿真计算。

3）供热系统的计算。电厂机组系统的供热蒸汽与供热系统的一次网部分，在热网加热器中进行热交换。在供热蒸汽无法满足供热需求的情况下，还会依赖电锅炉加热供热水，提高供热温度。模型中的计算方式如图 2-34 所示。

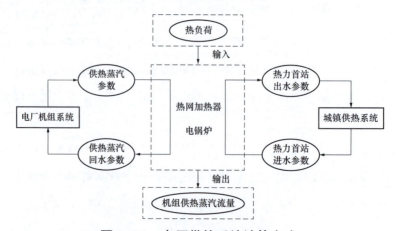

图 2-34　电厂供热系统计算方式

3. 基于神经网络的电厂数据模型构建方法

（1）机理模型的辨识校正和工况样本拓展。构建电厂热力系统机理模型所依据的是电厂的机理结构与设计参数。电厂机理映射模型中，经过简化后的节点计算结果与实际运行参数存在工程允许的范围内的偏差，但随流体传递的过程中会造成误差的累积，经过多个设备后的仿真计算结果与实际的运行结果可能存在较大偏差。因此，根据电厂的机理结构构建起来的机理映射模型能否与电厂物理实体保持较好的一致性，需要进一步的验证。

机组的主蒸汽压力、温度、流量一般是机组所处工况的标志性参数，也是电厂实际运维中工况变化时所控制的参数。机组的发电负荷则是机组在该工况中的性能参数，并且从主蒸汽参数到发电负荷的数据传递过程最长，误差累积最大。将所选工况的主蒸汽参数作为机理映射模型的输入，关闭模型中的控制器，计算各个工况下机组发电负荷的大小，与运行数据进行比较，对模型进行校正，得到高精度的电厂机理映射模型。

构建数据建模所需的工况条件，工况条件的数量应远大于现有的工况数量，达到数据建模的要求，并且应尽可能涵盖机组的运行区间，基于机理映射模型计算这些工况条件下的电厂性能特征参数，实现已有的机理模型工况样本的基础上对工况样本空间的拓展。工况样本空间的拓展如式（2-68）~式（2-70）所示。

$$\boldsymbol{\theta}_i = \begin{bmatrix} P_1 & P_2 & \cdots & P_m \\ H_1 & H_2 & \cdots & H_m \\ \vdots & \vdots & \ddots & \vdots \\ B_1 & B_2 & \cdots & B_m \end{bmatrix}_i \tag{2-68}$$

$$\boldsymbol{\Omega} = \{\boldsymbol{\theta}_1, \boldsymbol{\theta}_2, \cdots, \boldsymbol{\theta}_i\} \tag{2-69}$$

$$\boldsymbol{\Omega}' = \{\boldsymbol{\theta}_1, \boldsymbol{\theta}_2, \cdots, \boldsymbol{\theta}_i, \cdots, \boldsymbol{\theta}_n\} \tag{2-70}$$

式中：$\boldsymbol{\theta}_i$ 为机理模型计算所得某个工况下机组的参数集，下标为工况的标号，其中 $i \le n$；$\boldsymbol{\Omega}$ 和 $\boldsymbol{\Omega}'$ 则表示拓展前后机理模型的样本空间；P、H 与 B 等分别为该工况机组的性能特征参数，如各机组的电负荷、热负荷、煤耗等，下标为电厂内机组的数量。

（2）基于 BP 神经网络的数据模型构建方法。电厂热力系统映射模型的实质为电厂机理模型的数据代理模型，机器学习方法构建的模型通过对数据样本进行训练和自适应的学习迭代，建立输入与输出之间的映射关系，通过该映射关系预测对应输入的输出值。电厂热力系统中的输入与输出之间的函数为复杂的非线性关系，一般的回归算法难以准确捕捉其中的关系，构建准确的映射反向传播 BP 神经网络算法具有很强的自适应学习迭代和非线性关系映射能力，可以作为构建电厂热力系统数据代理映射模型的合适选择。在构建电厂数据代理映射模型时，选用的数据类型见表 2-13。

表 2-13　　　　　　　　　　数据代理模型的输入与输出

输入或输出	数据类型	符号	单位
输入参数	各机组电负荷	$P_1, P_2, \cdots, P_i, \cdots$	kW
	各机组热负荷	$H_1, H_2, \cdots, H_i, \cdots$	kW
设定参数	主蒸汽压力、温度	$p_{m,1}, p_{m,2}, \cdots, p_{m,i}, \cdots,\ T_{m,1}, T_{m,2}, \cdots, T_{m,i}, \cdots$	MPa、℃
	供热蒸汽压力、温度	$p_{h,1}, p_{h,2}, \cdots, p_{h,i}, \cdots,\ \ T_{h,1}, T_{h,2}, \cdots, T_{h,i}, \cdots$	MPa、℃
输出参数	主蒸汽流量	$D_{m,1}, D_{m,2}, \cdots, D_{m,i}, \cdots$	kg/s
	供热蒸汽流量	$D_{h,1}, D_{h,2}, \cdots, D_{h,i}, \cdots$	kg/s
	各机组煤耗	$B_1, B_2, \cdots, B_i, \cdots$	t/h

利用电厂机理模型计算多组衍生工况数据，对数据做一定的预处理后，整理为待训练与测试的数据集，使用 BP 神经网络方法建立输入和输出之间的关系映射，过程可如图 2-35 所示。在这一结构中，输入层接收工况热电负荷及主蒸汽、供热蒸汽性质参数作为输入数据；由于输出为多输出，将输出层设置为并列多个全连接层，分别输出多个电厂特征参数，这样在计算效率上可以得到提高，而对应的隐藏层也设置为多个，然后根据数据集的实际情况设置激活函数、学习率、最大迭代次数等参数。通过上述过程可构建起电厂的数据代理映射模型。

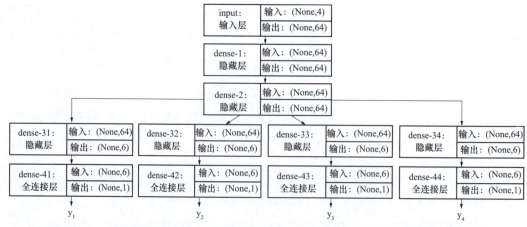

图 2-35　基于 BP 神经网络方法的电厂热力系统数据代理映射模型构建过程

2.3.2 电厂内多机组间负荷分配优化方法

1. 电力系统 AGC 与 MEGC 两种调度模式的比较

目前电力系统广泛使用的运行方式为自动发电控制（AGC）模式，电网调度中心将调度指令直接下发到具体各台机组。由于指令直接下发到了单台机组，电厂内部的运维人员只需按照调度中心的指示，调节机组的工况，达到满足调度中心要求的功率。因此，这种通过调度中心直接调配辖区内各台机组的负荷的方式，具有方便、高效率、响应迅速的优势。

但是，机组在长期运行的期间，本身的性能会发生退化，且电厂本身会根据不同时期的需求，对机组进行进一步的改造。而调度中心所辖机组众多，无法对各个机组的具体情况做到详细掌握，而对机组本身的状态和性能更为了解的电厂一级却没有实行调度的权限。随着煤电机组改造的扩大和调峰力度的加深，AGC 模式的弊端越发凸显，调度指令不合适，电力系统的灵活性不足，电厂整体不能达到最优的负荷分配方式，全厂的煤耗增加，经济性降低。

为适应煤电机组灵活性改造的趋势，东北能源局提出了新型 MEGC 电力调度模式。两者的区别如图 2-36 所示。

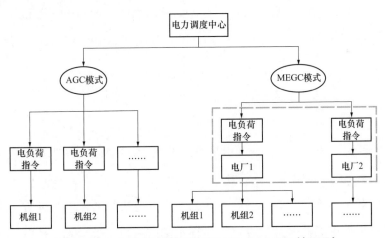

图 2-36　电力调度模式 MEGC 与 AGC 的区别

由图 2-36 可知，MEGC 与传统的 AGC 模式的区别在于调度的层级不同。AGC 模式电网中心调度的是具体的机组，而 MEGC 调度的对象则是机组的上一级——电厂。MEGC 模式的具体方式是电力调度中心将电厂内部所有机组的总负荷指令下发到电厂一层，然后电厂再决定如何将负荷分配到各个机组。对电网调度中心而言，虽然接受指令的对象不同，但是调度的电负荷总量不变，不会受到影响；而对电厂而言，在

MEGC 模式下，可根据厂内机组的具体特性和状态，将接收到的总负荷分配到各个机组，达到全厂最优的工作状态，获得更高的能效和经济性。

因此，MEGC 将相较于传统 AGC 而言，不仅仅是简单的升级。整体模式在向前兼容的同时，也存在较大差异。MEGC 模式需要电厂进行对应调度流程和管理方式改造，省调下发总调节量，电厂自行分配机组与电蓄热的功率，应根据各自情况，充分考虑机组调节性能、机端抽汽量、供热管网温度、电蓄热换热量、电蓄热温度、电蓄热可用时长、环境温度等进行参数，实现机组与电蓄热负荷的最优耦合控制。这一模式既保证厂网安全，又保证了供暖民生。

2. 考虑调峰补贴政策的经济性评价模型

（1）煤电机组调峰服务辅助收益分级计算方式。为鼓励煤电机组更积极地参与调峰，各地区制定了给予参与调峰的机组一定形式的补贴。以国家能源局东北监管局为例，在其制定的相关政策中，设定分阶段的调峰基准负荷，按照基准负荷与机组实际向外供给电负荷的差值来支付补贴。目前，调峰补贴收益已成为煤电机组重要的收益来源之一。

电力深度调峰收益采用了分阶段的补偿标准，并以电厂整体的供电负荷率作为对照的基准。电厂的供电负荷率是指电厂整体向外的供电负荷与电厂各机组设计负荷的比率，与电厂实发负荷不同，不包括电锅炉和厂内自用耗电部分，如式（2-71）所示。

$$\beta_t = \frac{\sum\limits_{i=1}^{m} P_i(t) - \sum (P_{al} + P_{eb})}{\sum\limits_{i=1}^{m} P_i(t)} \times 100\% \tag{2-71}$$

式中：β_t 为电厂供电负荷率；$P_i(t)$ 为单个机组发电量，kW；m 为机组的总台数；P_{al} 为电厂厂内自用电，kW；P_{eb} 为电锅炉耗电量，kW。

电网会设置多个不同的调峰基准负荷率，当煤电机组的供电负荷处于基准负荷率之下时，即可根据市场获得补贴收益。而在不同的负荷基准级别，调峰辅助服务的单价是不同的，机组处于越低的负荷基准率之下，调峰电价越高，获得调峰辅助收益也越高。

若设电网设定的各级调峰标准负荷率为 $\alpha_1, \alpha_2, \cdots, \alpha_n, \cdots$（其中，$\alpha_1 > \alpha_2 > \cdots > \alpha_n > \cdots$），则机组的调峰收益、供电负荷率与各级调峰基准负荷率、调峰单价之间的关系如式（2-72）和式（2-73）所示。

$$E_{tf} = \int_t p_{tf,n}(\alpha_n - \beta_t)P_{tha} \, dt + \int_t \sum_{i=1}^{n-1} p_{tf,i}(\alpha_i - \alpha_{i+1})P \, dt \qquad (2\text{-}72)$$

$$\alpha_1 > \alpha_2 > \cdots > \alpha_n > \beta_t > \alpha_{n+1} > \cdots \qquad (2\text{-}73)$$

式中：E_{tf} 为调峰收益，元；$p_{tf,n}$ 为第 n 级调峰单价，元 /kW · h；α_n 为第 n 级调峰基准负荷率；β_t 为电厂总体的供电负荷率；P_{tha} 为机组 100% 负荷率工况下的电负荷，kW；t 为机组运行时间，h。

可见，机组对外供电负荷越低，获得的调峰收益也越高。但是相应的，供电收益则会降低，同时，大幅降低机组运行负荷，会使机组偏离最佳运行工况，对机组本身的能效和煤耗也会造成不良影响。因此，需要构建电厂整体的收益模型，作为煤电调峰供热机组运行的目标。

（2）电厂整体经济性评价模型。煤电厂的主要收益由供电收益、供热收益、调峰辅助服务收益组成，而运行成本则主要是煤耗成本和碳排放交易成本。因此，电厂总利润的计算如（2-74）所示。

$$E_{total} = (E_g + E_h + E_{tf}) - (C_{coal} + C_{ct}) \qquad (2\text{-}74)$$

式中：E_{total} 为电厂总利润，元；E_g 为电厂发电收益，元；E_h 为供热收益，元；E_{tf} 为调峰辅助服务收益，元；C_{coal} 为煤耗成本，元；C_{ct} 为碳交易成本，元。

电厂的调峰辅助服务收益部分已在 3.2.1 节详述，而电厂供电收益与供热收益则可以表示为式（2-75）和式（2-76）。

$$E_g = \int_t p_g(t)\left[\sum_{i=1}^m P_i(t) - \sum(P_{al} + P_{eb})\right] dt \qquad (2\text{-}75)$$

$$E_h = \int_t p_h\left[\sum_{i=1}^m H_i(t) + \sum P_{eb}\right] dt \qquad (2\text{-}76)$$

式中：$p_g(t)$ 为当前的上网电价，元 /（kW · h）；p_h 为单位供热收费，元 /（kW · h）；$H_i(t)$ 为单个机组供热量，kW。

电厂机组的煤耗成本是主要成本来源，根据机组的特性曲线，通过各机组的热电负荷可计算出确定负荷下机组的煤耗量，进而构建出机组的煤耗量成本公式，如式（2-77）所示。

$$C_{coal} = \int_t p_{coal} \sum_{i=1}^m B_i(t) \, dt \qquad (2\text{-}77)$$

式中：p_{coal} 为煤炭单价，元 /t；$B_i(t)$ 为第 i 台机组的煤耗量，t/h。

对于热电联产机组来说，煤耗量是关于机组热负荷和电负荷的函数。预先通过电厂热力系统映射模型分别各机组在不同热、电负荷工况条件下的煤耗量，描绘出其关系曲线，模拟出其近似的函数关系式，在计算整体经济目标时，可以通过热、电负荷直接计算获得当前的煤耗量。

$$B_i(t)=f_i[P_i(t),H_i(t)] \tag{2-78}$$

根据国家发展和改革委员会发布的标准，当机组的碳排放量超过碳配额时，需要支付额外的碳配额交易成本，其计算公式为

$$C_{ct} = p_{ct}(M_{ce} - M_{cq}) \tag{2-79}$$

式中：p_{ct} 为碳交易单价；M_{ce} 为碳排放量，t；M_{cq} 为碳配额，t。

碳配额与碳排放量都可以根据发电负荷进行计算。而在热电联产的机组中，由于机组还需要供给热能，因此在计算时需要将供热量等效计算为发电量，通过等效发电负荷计算碳配额和碳排放量，如式（2-80）和式（2-81）所示。

$$M_{cq} = \int_t \lambda \sum_{i=1}^{m}[P_i(t)+b_iH_i(t)]\,\mathrm{d}t \tag{2-80}$$

$$M_{ce} = \int_t \sum_{i=1}^{m}\gamma_i[P_i(t)+b_iH_i(t)]\,\mathrm{d}t \tag{2-81}$$

式中：λ 为单位电量碳排放分配系数，t/kW·h；b_i 为热负荷转化为电负荷的系数，其数值等于机组主蒸汽流量不变的条件下，增加单位供热量所减少的发电量；γ_i 为第 i 台机组的碳排放强度，t/kW·h。

综上，本节构建了基于全厂热负荷、电负荷作为条件的电厂经济性评价模型，热电联产调峰机组的各项收益与成本均可以通过热、电负荷来计算得出，即电厂总利润是关于热、电负荷的函数。

$$E_{total} = f\left[\sum_{i=1}^{m}P_i(t),\sum_{i=1}^{m}H_i(t)\right] \tag{2-82}$$

基于热电负荷的电厂经济性评价模型，其结构如图 2-37 所示。

由于电厂直接获得的调度指令即为电负荷与热负荷，而厂内负荷分配的目标是单个机组各自的热、电负荷，因此构建以热、电负荷描述的电厂整体经济性评价模型，与电厂热力系统映射模型一样，只需要优化获得各个机组热电负荷的分配方案作为输入即可得到结果。因此，经济性评价模型与电厂热力系统映射模型通过各机组的热电负荷方案联系在一起，分别作为优化方案的目标和验证。

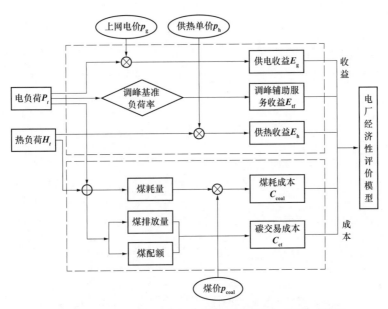

图 2-37　基于热电负荷的电厂经济性评价模型结构

3. 厂内多机组热电负荷分配优化

（1）热电负荷分配优化问题构造及其求解。电厂内多机组热电负荷分配优化问题是典型的确定约束条件下求解最值的问题。不同的问题的约束条件从种类上来说，都可以大致分为等式约束与不等式约束两类。因此，一般优化问题可描述为

$$
\begin{cases}
\max f(x) \\
\text{s.t.} \\
g_j(x) \geqslant 0, j = 1, 2, 3, \cdots, k \\
h_j(x) = 0, j = 1, 2, 3, \cdots, l
\end{cases}
\tag{2-83}
$$

式中：$f(x)$ 为目标函数，$g_j(x)$ 为不等式约束条件，k 为不等式约束的数量；$h_j(x)$ 为等式约束条件，l 为等式约束的数量。

在本节研究的场景中，调峰供热机组的运行建立在质量守恒、能量守恒的等量关系上，全厂的热、电负荷等于各个机组的热电负荷之和，单个机组的热电负荷在一定的规定范围内运行。因此，负荷分配优化问题的约束条件可描述为

$$
P(t) = \sum_{i=1}^{m} P_i(t)
\tag{2-84}
$$

$$
H(t) = \sum_{i=1}^{m} H_i(t)
\tag{2-85}
$$

$$
P_i^{\min} \leqslant P_i(t) \leqslant P_i^{\max}
\tag{2-86}
$$

$$H_i^{\min} \leqslant H_i(t) \leqslant H_i^{\max} \tag{2-87}$$

式中：$P(t)$ 为全厂 t 时刻的发电功率，kW；$H(t)$ 为全厂 t 时刻的供热功率，kW；$P_i^{\min}$ 和 $P_i^{\max}$ 为各机组发电功率的下限和上限，kW；$H_i^{\min}$ 和 $H_i^{\max}$ 为各机组供热能力的下限与上限，kW。

在下节中，电厂总利润是关于各机组热、电负荷的函数，而式（2-84）~式（2-87）表明，厂内负荷分配优化的约束条件也可由各机组热、电负荷表示。因此，综合上述各机组的约束条件，结合式（2-69），可得到厂内负荷分配优化问题的目标与约束条件为式（2-88）。

$$\begin{cases} \max E_{\text{total}} = \max f\left[\sum_{i=1}^{m} P_i(t), \sum_{i=1}^{m} H_i(t)\right] \\ \text{s.t.} \\ g_j\left[\sum_{i=1}^{m} P_i(t), \sum_{i=1}^{m} H_i(t)\right] \geqslant 0 \\ h_j\left[\sum_{i=1}^{m} P_i(t), \sum_{i=1}^{m} H_i(t)\right] = 0 \end{cases} \tag{2-88}$$

其次是求解算法的选择。在约束条件下求解最值，处理这类问题的智能优化算法众多，粒子群算法是其中应用较为广泛和成熟的。粒子群算法模拟了鸟群觅食的过程。鸟群中的每只鸟在觅食的过程中，自己会获取经验，并将这个经验分享给鸟群内的其他个体，鸟群根据自身和群体的经验不断调整觅食的位置与方向，最终觅食的鸟群会集中在食物的周围。粒子群算法与之类似，粒子即类比觅食的鸟群，具备位置和速度两种属性，在优化过程的初始时，会被赋予其优化的目标，即适应度函数，而优化目标的最优值类比鸟群寻觅的食物。所有粒子在每一轮的寻优之后，会计算当前所在位置的适应度函数，并与之前计算的结果进行比较，保留其中适应度最好的位置，称为个体极值。同时，所有粒子中适应度最好的位置也会得以保留，称为全局极值。每轮寻优之后，粒子会根据两个极值更新自身的位置和速度。最终，当整个优化过程达到收敛或优化次数达到设定的上限，整个优化过程将会结束。其流程主要包括粒子群的初始化、确定适应度函数、更新个体极值与全局极值、更新粒子位置与速度等步骤，如图 2-38 所示。

粒子群算法是一种概率算法，为提高搜索的精度，需要将搜索的范围限定在条件约束簇中，在可行的范围内进行寻优。但是这种方式的求解过程比较缓慢，而厂内热电负荷在全年变化的区间大，运算过慢则不能满足实际应用时实时优化的要求。可采

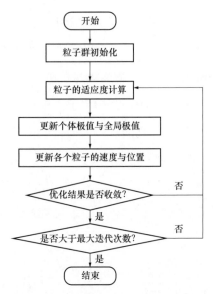

图 2-38　粒子群算法的基本流程

用构建罚函数的方法，根据约束条件的特点将其转化为惩罚项，加入目标函数中构成罚函数，从而将约束条件下的寻优问题转化为无约束条件下的寻优问题。虽然目标函数转变为了罚函数，但是优化求解与原目标函数是一致的。当优化的目标为最大值时，可构建罚函数为

$$\max F(x,\delta) = f(x) - \delta G(x) \tag{2-89}$$

$$G(x) = \sum_{j=1}^{k}\left[h_{j}(x)\right]^{2} + \sum_{j=1}^{l}\left\{\min\left[0,g_{j}(x)\right]\right\}^{2} \tag{2-90}$$

式中：$F(x,\delta)$ 为罚函数，$\delta G(x)$ 为惩罚项，而 δ 为惩罚因子（$\delta \geqslant 0$）。如式（2-80）所示，若自变量 x 满足约束条件，$G(x)=0$，反之则 $G(x)>0$。当不满足约束条件时，惩罚因子将惩罚项 $\delta G(x)$ 的数值放大，而使得罚函数的整体结果越小，根据粒子群算法的原理，计算结果就会远离约束条件之外的区域，从而更易趋近于最优值。

将式（2-88）代入式（2-89）和式（2-90），可得厂内负荷分配优化问题的罚函数形式为

$$\max F\left[\sum_{i=1}^{m}P_{i}(t),\sum_{i=1}^{m}H_{i}(t),\delta\right] = f\left[\sum_{i=1}^{m}P_{i}(t),\sum_{i=1}^{m}H_{i}(t)\right) + \delta G\left(\sum_{i=1}^{m}P_{i}(t),\sum_{i=1}^{m}H_{i}(t)\right] \tag{2-91}$$

$$G\left[\sum_{i=1}^{m}P_{i}(t),\sum_{i=1}^{m}H_{i}(t)\right] = \sum_{j=1}^{k}\left\{h_{j}\left[\sum_{i=1}^{m}P_{i}(t),\sum_{i=1}^{m}H_{i}(t)\right]\right\}^{2} + \sum_{j=1}^{l}\left\langle\min\left\{0,g_{j}\left[\sum_{i=1}^{m}P_{i}(t),\sum_{i=1}^{m}H_{i}(t)\right]\right\}\right\rangle^{2} \tag{2-92}$$

可见，优化的约束基于全厂的热电负荷与各单个机组的热电负荷，而优化目标也

是热电负荷所构成的函数，而在第 2 章中，本文构建了以各机组的热电负荷作为输入的电厂性能参数在线预测模型。因此，将电厂热力系统映射模型、电厂经济性评价模型与智能优化算法相结合，可构成多模式调峰供热机组厂内负荷分配优化技术及方法。

（2）机组间负荷分配实时优化方法。在构建了热电负荷优化问题的约束及求解方式后，本文进一步考虑了如何形成完整的厂内负荷分配优化方法，并嵌入实际电厂运行中。本文将电厂热力系统映射模型、电厂经济性评价模型与智能优化算法相结合，提出电厂内部机组间负荷分配实时优化方法。实时优化的原理如图 2-39 所示，显示了电厂获取实时热电负荷、搜索分配优化结果、模型计算验证、输出优化方案的过程。

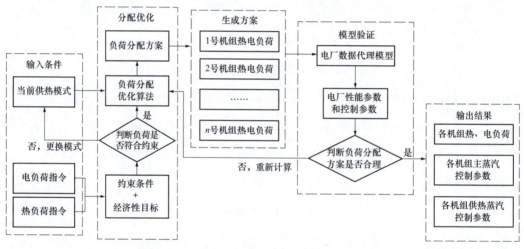

图 2-39　电厂负荷分配的实时优化过程

机组间负荷分配的实时优化的具体过程为：电厂获得全厂的热、电负荷的需求，根据当前的各机组的供热运行模式以及机组的实时功率，初步分配各机组的热、电负荷，即实现粒子的初始化，然后通过罚函数改进的粒子群算法进行寻优计算，由于机组在进行供热模式切换的过程中会消耗时间，而电负荷的调度指令为 15min 更新一次，因此优先在当前模式下进行寻优过程，若当前模式下的约束条件不能满足获得热电负荷指令要求，则再进行其他模式下的寻优。设定最大的寻优次数，避免结果无法收敛时循环流程一直进行。寻优结束后，输出各机组热、电负荷的分配方案。将方案中的各机组热、电负荷及供热模式作为输入，送入电厂性能在线预测模型中，计算机组在该工况下的性能参数，验证负荷分配方案的可行性，保证优化结果可以实际运行。

（3）机组间负荷分配日前优化方法。MEGC 模式除了给予电厂实时分配厂内机组负荷的权限，同时给予了电厂日前决策的自由度。根据 MEGC 的运行方式，电厂在前一天可以充分考虑自身情况，向电网调度中心申请次日本电厂所希望承担的发电负荷，因此，在实时优化框架之外，本文进一步提出了日前优化框架。通过日前优化提前计算出次日各个时间点采用的供热模式和负荷分配方案，可更好地协助电厂运维人员提前做好机组的控制和调度。

与实时优化不同的是，日前负荷以一天24h内连续的负荷作为输入，那么在进行负荷分配的优化过程中，可对机组运行的模式组合进行选取，而不是固定的某一供热模式，电厂的运维可根据优化的结果提前切换模式和调整负荷。此外，日前优化的一个重要目的是协助电厂制定生产计划，决定次日承担的发电负荷，因此日前优化的输入不包括电负荷，而仅有热负荷。

机组间负荷分配的日前优化过程为：以前一日24h内的热负荷作为输入（也可通过热负荷预测或者历史数据获取），可根据需要取其中多个时间点的热负荷，对每个时间点的热负荷都进行一次优化，从而完成对次日整日的运行优化。将热负荷数据作为输入，进行粒子群的初始化，进而通过粒子群算法计算对应热负荷下的最优工况，将该工况输入电厂性能在线预测模型，对优化产生的工况加以验证。电厂负荷分配日前优化模型的结构如图2-40所示。

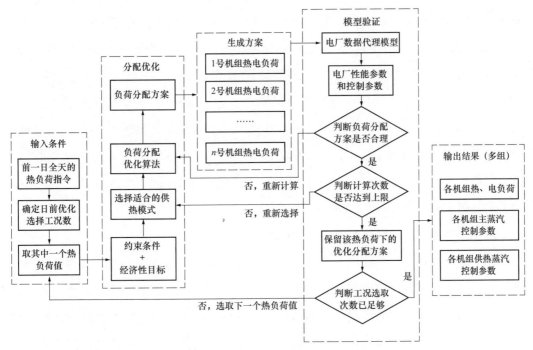

图2-40　电厂负荷分配的日前优化过程

2.3.3 多模式多供热机组厂级协同运行应用

1. 多模式多供热机组电厂案例

基于本文前述所建立的映射模型、优化技术，本文将在实际案例中讨论所提出的方法在 MEGC 模式下的应用效果。本文研究对象为某包含 4 台供热火电机组的电厂，包含两台容量 200 MW 机组，以及 2 台容量 350 MW 的机组，全厂总装机容量为 1100 MW。机组基本参数与灵活性改造方式见表 2-14。

表 2-14　　　　　　电厂 4 台机组基本参数和灵活性改造方式

机组编号	额定容量（MW）	额定主蒸汽压力（MPa）	额定主蒸汽温度（℃）	灵活性改造方式
1	200	12.75	535	高背压
2	200	12.75	535	光轴
3	350	16.7	538	切缸、高低压旁路
4	350	16.7	538	切缸、高低压旁路

在夏季时，4 台机组均采用纯凝方式运行，向电网提供电能。而在冬季，该电厂需要提供两种品质的能量，除了向电网输送电能，也要通过供热首站对周围的区域供热。供热需求的区域主要分为 3 块，我们根据方向，将这 3 块热网分别称西网、北网和南网。各机组具体的供热方式和供给的对应热网存在如下关系：1 号机组通过两台凝汽器加热循环水，然后通过循环水分别对西网和北网进行供热；2 号机组通过光轴供热模式，将供热蒸汽送入西网和南网的热网加热器；3、4 号机组在供暖期，根据供热的需要，可采取中间抽汽或切缸模式，分别向北网、西网、南网的热网加热器输送供热蒸汽。在热网加热器中，供热蒸汽与西网、北网、南网的供热循环水进行热交换，各个热网的供热水温决定着各机组的供热蒸汽流量。

2. 电厂热力系统映射模型的构建与验证

（1）电厂机理模型中热电负荷及机组具体参数控制传递过程。电厂机理模型的构建的重点在于如何实现多工况条件的计算。需要构建电厂热力系统映射模型，实现以热、电负荷作为输入，对各机组主蒸汽量、供热抽汽量、煤耗量等参数进行预测的作用。在构建机理模型的过程中，为实现此目标，需要设置机组中的热电负荷对其他参数进行控制的计算逻辑。因此，在构建模型的多工况计算过程中，需要遵循以下的基本控制逻辑：

1）根据各机组的电负荷控制主蒸汽流量；

2）根据各热网的热负荷控制热力首站热网加热器的进汽流量；

3）切缸机组根据冷却蒸汽流量确定供热抽汽流量；

4）根据北网、西网和南网的热负荷需求控制 3 或 4 号机组的中间抽汽供热流量。

在此电厂实际的 AGC 调度过程中，电厂会获得的是电网对各机组的电负荷指令，而在 MEGC 调度方式中，虽然获得的是电厂整体的电负荷，但是在经过负荷分配优化后，输入到模型计算的也是单个机组各自的电负荷值。根据本机组的实际运行过程设计了如图 2-41 所示的控制逻辑，在模型中实现热电负荷与机组各参数之间的控制与传递。

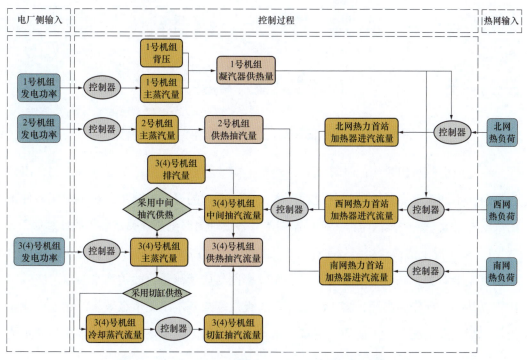

图 2-41　电厂热电负荷与机组参数之间的控制过程

如图 2-41 所示，机组之中的控制器主要有 3 类，一是控制主蒸汽流量的控制器，二是热力首站的加热器进汽流量的控制器，三是控制机组供热抽汽流量的控制器。主蒸汽流量和加热器进汽流量的控制参照上述的原则，而各机组的供热量需要根据不同机组和实际供热模式来进行选择。

（2）基于 viExergy® 的供热机组机理模型的构建。viExergy® 软件是由浙江英集动力科技有限公司自主研发的全国产化复杂热力系统模块化建模仿真平台，本节使用 viExergy® 平台完成电厂供热机组的热力系统机理模型，如图 2-42 所示，并对该模型的精度进行验证。

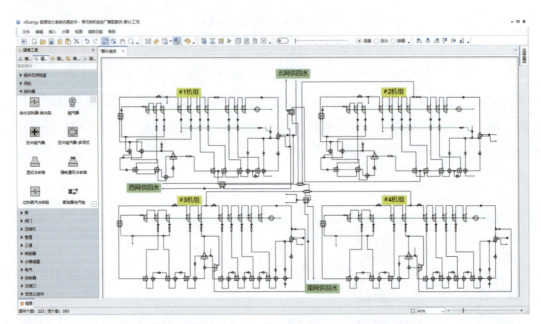

图 2-42　基于 viExergy® 的电厂热力系统机理模型

在完成电厂机组模型的计算框架搭建后，需要建立机组多工况的计算方法，以仿真机组在不同工况条件下的运行过程。本文所述电厂的模型构建中，对多工况条件下的汽轮机级效率、主蒸汽压力、换热器端差、各级轴封漏汽量等关键参数的计算如下。

1）多工况下的汽轮机级效率计算。汽轮机各级的级效率，与流经汽轮机该级的蒸汽质量流量有关，一般采用多个工况下级效率比与质量流量比的关系来表示。级效率比指以基础工况作为参照，多工况条件下的级效率与基本工况下级效率的比值，质量流量比则是多工况条件下的质量流量与基本工况的质量流量之比。级效率比与质量流量比之间的关系，可描述如下：

$$\frac{\eta_{\mathrm{st},i}}{\eta_{\mathrm{st},i,N}} = f\left(\frac{D_{\mathrm{st},i}}{D_{\mathrm{st},i,N}}\right) \tag{2-93}$$

式中：$\eta_{\mathrm{st},i}$ 为汽轮机第 i 级效率；$D_{\mathrm{st},i}$ 为汽轮机第 i 级进汽流量，kg/s；下标 N 指基本工况。

2）多工况下的主蒸汽压力计算。由于机组根据实际需要存在定压与滑压运行两种形式，因此在不同工况下主蒸汽的流量发生变化时，采用滑压运行的机组的主蒸汽压力也会随之改变。主蒸汽压力与主蒸汽流量之间的关系可表示为式（2-94）。

$$\frac{p_m}{p_{m,N}} = f\left(\frac{D_m}{D_{m,N}}\right) \tag{2-94}$$

式中：p_m 为主蒸汽压力，MPa；D_m 为主蒸汽流量，t/h；下标 N 指基本工况。

3）多工况下的各级轴封漏汽量计算。一般来讲，轴封漏汽量的影响因素十分复杂，但主蒸汽流量对漏气量的影响是最主要的，因此从工程角度直接建立各级轴封漏汽质量流量与主蒸汽质量流量的函数关系。

$$D_{shaft} = f(D_m) \tag{2-95}$$

式中：D_{shaft} 为某一级轴封漏汽流量，kg/s。

轴封的漏汽流量与主蒸汽之间的曲线大多呈线性关系，但仍有少量会呈现多项式或对数关系，因此可将轴封漏汽流量与主蒸汽流量之间的关系近似拟合为

$$D_{shaft} = a_0 + a_1 D_m + a_2 D_m^2 + \cdots + a_n D_m^n = \sum_{i=0}^{n} a_i D_m^i \tag{2-96}$$

$$D_{shaft} = k \ln D_m + b \tag{2-97}$$

式中：$a_0, a_1, a_2, \cdots, a_n$ 为多项式拟合得到的系数；k 和 b 为对数拟合得到的参数。

通过拟合机组设备的多工况曲线、轴封漏汽量与主汽量的关系曲线，模拟它们之间的近似多项式关系，在机理模型进行多工况计算时，就可以通过主控参数的变化，实现对不同工况下电厂各个设备参数和整体性能的计算。

完成电厂机理模型的构建后，需要对机理模型进行验证，以保证其拓展样本的可靠性。现有该电厂各台机组在负荷率为40%~100%之间共7组设计工况数据，对7个组工况进行仿真计算，将仿真得到的各个机组的发电功率与设计数据相比较，其结果见表2-15。可见，电厂机理模型的仿真计算结果与设计数据的误差均小于2%，利用多工况计算方式建立的衍生工况数据将具有较高的可靠性。

表 2-15　　　　　　　　电厂机理映射模型与设计数据的偏差

负荷率		100%	90%	80%	70%	60%	50%	40%
1号机组发电功率（MW）	设计数据	200.6	180.6	161.1	140.2	120.8	100.4	80.42
	仿真数据	199.9	180.0	160.0	140.0	120.0	100.0	80.00
	误差（%）	0.308	0.309	0.679	0.134	0.630	0.362	0.514

续表

负荷率		100%	90%	80%	70%	60%	50%	40%
2号机组发电功率（MW）	设计数据	200.6	180.6	161.1	140.2	120.7	100.3	80.42
	仿真数据	200.0	180.0	160.0	140.0	120.0	100.0	80.01
	误差（%）	0.307	0.306	0.680	0.137	0.628	0.351	0.510
3号机组发电功率（MW）	设计数据	350.0	315.0	280.0	245.0	210.0	175.0	140.0
	仿真数据	348.4	313.4	278.3	243.3	208.3	173.3	138.3
	误差（%）	0.447	0.510	0.590	0.682	0.797	0.956	1.199
4号机组发电功率（MW）	设计数据	350.9	315.8	280.7	245.6	210.5	175.0	140.0
	仿真数据	348.5	313.5	278.5	243.4	208.4	173.4	138.4
	误差（%）	0.683	0.731	0.792	0.897	1.007	0.923	1.156

（3）映射模型的构建与验证。本节基于所构建的热力系统机理模型，建立了最终的映射模型。构建数据模型需要足量的工况样本数据。在上一节已构建出精确的电厂机理模型，通过构建大量不同热电负荷的工况条件，计算出足量的工况数据样本，这些工况样本构成了数据建模的数据集。所选取的作为数据模型的输入值与预测值的数据见表2-16。

表2-16　　　　　电厂热力系统映射模型的输入值与输出值

数据名称	符号	单位	数据类型
1号机组电负荷	P_1	MW	输入值
2号机组电负荷	P_2	MW	输入值
3号机组电负荷	P_3	MW	输入值
4号机组电负荷	P_4	MW	输入值
1号机组热负荷	H_1	MW	输入值
2号机组热负荷	H_2	MW	输入值
3号机组热负荷	H_3	MW	输入值
4号机组热负荷	H_4	MW	输入值
机组运行模式	—	—	输入值
3号机组主汽轮机压力	p_3	MPa	输入值
4号机组主汽轮机压力	p_4	MPa	输入值
1号机组主汽轮机流量	D_{m1}	t/h	输出值
2号机组主汽轮机流量	D_{m2}	t/h	输出值

续表

数据名称	符号	单位	数据类型
3 号机组主汽轮机流量	D_{m3}	t/h	输出值
4 号机组主汽轮机流量	D_{m4}	t/h	输出值
2 号机组抽汽量	D_{ex2}	t/h	输出值
3 号机组抽汽量	D_{ex3}	t/h	输出值
4 号机组抽汽量	D_{ex4}	t/h	输出值
1 号机组煤耗量	B_1	t/h	输出值
2 号机组煤耗量	B_2	t/h	输出值
3 号机组煤耗量	B_3	t/h	输出值
4 号机组煤耗量	B_4	t/h	输出值

　　构建的电厂代理模型与机理模型在不同负荷率下的工况下进行实验研究，其计算结果的误差如图 2-43 所示。在不同负荷率的多个工况的测试下，代理模型与机理模型的误差始终保持在 1% 以下，因此可认为数据代理模型与机理模型具有较高的一致性，可以起到对电厂机理模型的替代作用，用于电厂的性能在线预测。

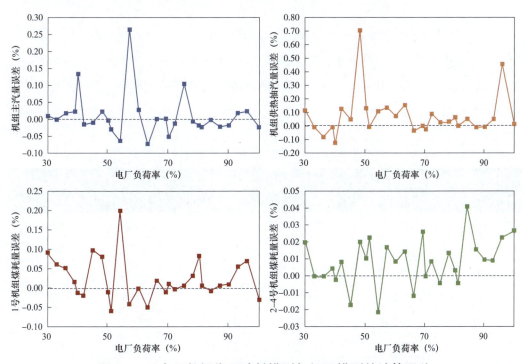

图 2-43　电厂数据代理映射模型与机理模型的计算误差

2.3.4 实时和日前场景下的热电负荷分配优化

1. 不同供热工况下机组实时负荷分配优化结果

火电机组处于低负荷率下运行时，机组的热经济性偏低，且长期处于低负荷率下运行对机组性能也会造成不良影响。但是当把机组的调峰辅助收益纳入考虑后，以全厂经济性最优作为目标，电厂在低负荷率下运行可能会获得更多的收益。国家能源局东北监管局发布的调峰辅助服务补贴标准将补贴挡位分为两挡，并根据供热期与非供热期以及火电机组的类型，提供不同的补贴标准，详情见表 2-17。

表 2-17　　　　　　　　　东北调峰辅助服务补偿标准

时期	补贴档位	火电厂机组类型	火电厂负荷率	补贴 /（元 /kW·h）
非供热期	第一档	纯凝机组	40%＜负荷率≤50%	0.4
		热电联产机组	40%＜负荷率≤48%	
	第二档	全部火电机组	负荷率≤40%	1
供热期	第一档	纯凝机组	40%＜负荷率≤48%	0.4
		热电联产机组	40%＜负荷率≤50%	
	第二档	全部火电机组	负荷率≤40%	1

在东北供暖期间，热网一次网的温度会控制在 70～100℃的区间。为在不同热负荷条件下验证负荷优化方法的效果，均匀选取 70～100℃的区间中 7 个温度，从历史运行数据中选取 7 组与所选温度相同的工况，记录各工况下西网、北网、南网各自的热负荷以及电负荷，见表 2-18。

表 2-18　　　　　　　　不同供热水温工况下的热电负荷

供热水温（℃）	西网热负荷（MW）	北网热负荷（MW）	南网热负荷（MW）	全厂热负荷（MW）	全厂电负荷（MW）
100	354.74	384.30	295.62	1034.66	586.40
95	326.31	353.50	271.92	951.72	496.44
90	277.17	300.27	230.98	808.42	446.16
85	272.64	295.25	227.12	794.91	563.33
80	236.58	256.29	197.15	690.01	525.22
75	202.83	219.73	169.02	591.58	532.56
70	170.07	184.24	141.72	496.03	319.20

分别对上述 7 种供热水温场景下的电厂机组进行热电负荷分配实时优化研究，获得优化后的电厂负荷分配方案，与优化前的方案比较，见表 2-19。

表 2-19 实时优化前后机组的电负荷分配方案

供热温度（℃）		100	95	90	85	80	75	70
优化前的负荷分配方案（MW）	1 号机组	106.6	85.26	84.78	104.78	96.57	95.17	104.7
	2 号机组	107.3	88.24	76.83	105.76	95.82	96.52	108.4
	3 号机组	186.5	143.5	147.1	184.78	166.2	164.9	175.8
	4 号机组	186.4	152.8	137.8	168.58	166.6	176.0	174.9
优化后的负荷分配方案（MW）	1 号机组	91.55	91.49	92.90	92.90	80.00	80.00	92.77
	2 号机组	68.75	65.72	67.57	65.27	65.01	65.00	66.24
	3 号机组	270.1	90.07	142.1	202.3	190.1	193.7	203.6
	4 号机组	155.9	220.1	143.5	202.8	190.1	193.7	203.1

由上节的机组控制方式可知，1 号机组的供热量由机组的主蒸汽流量与背压大小确定，因此 1 号机组的热负荷的分配与电负荷的分配是同时的，热负荷分配优化的主要目标是 2~4 号机组。而 2~4 号机组通过低压缸光轴、切缸、高低压旁路或中间抽汽等供热模式运行，向热网加热器提供蒸汽以加热一次网的热水。因此，将热负荷分配优化的结果以各机组供热蒸汽流量的形式展现更为贴近电厂实际运行过程。对不同工况开展实时优化后各机组的供热蒸汽流量变化见表 2-20。

表 2-20 实时优化前后各机组供热蒸汽流量

供热温度（℃）		100	95	90	85	80	75	70
优化前的机组供热蒸汽流量（t/h）	2 号机组	225.9	224.6	229.1	227.1	226.1	225.4	228.0
	3 号机组	83.46	162.08	18.96	135.74	60.28	48.99	37.71
	4 号机组	336.8	271.72	186.1	66.07	87.22	92.75	76.33
优化后的机组供热蒸汽流量（t/h）	2 号机组	229.8	220.0	225.6	218.6	217.8	221.6	217.8
	3 号机组	150.0	11.05	60.66	67.39	121.65	120.7	87.48
	4 号机组	348.7	392.1	114.9	96.02	31.54	22.63	39.66

进一步，比较实时优化前后不同的负荷分配方案下电厂的经济性指标。图 2-44 为电厂各个工况在实时优化前后的总利润，以及优化后的增长比例。

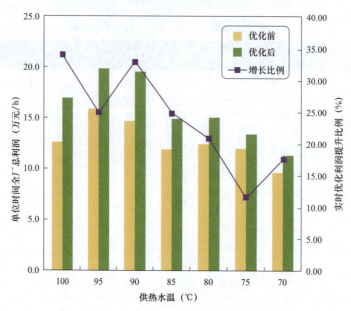

图 2-44　实时优化前后经济性效果对比

由图 2-44 可见，经过负荷分配实时优化计算后，在新方案的运行下，电厂整体经济性都得到了有效提升，电厂的利润获 11.56%~33.94%。从总体趋势来看，热负荷较高的工况下，所能获得的总利润是更高的，这与电厂的最优工作状态一般处于高负荷率的因素相关。而经过实时优化后经济性提升的幅度大小，这不但与所选取工况的热电负荷有关，也与当时电厂实际的分配方案有关，而目前电厂的实际负荷分配依赖人工经验，未做到精细的定量化，因此不具有普遍性。但可以看出，实时优化对于提升电厂的经济性效果显著。

2. 不同运行日下机组负荷日前分配优化结果

如前所述，除了实时优化，日前优化也是 MEGC 的重要组成部分。本文开展了不同运行日下机组负荷日前分配优化的结果，并与实时优化的结果进行对比。

图 2-45 和图 2-46 为该厂某日 24h 内的全厂电负荷和热负荷的变化曲线。电力调度中心下发电负荷指令的时间间隔为 15min，而热负荷每隔 1h 取值一次。由于热负荷单日内的变化范围较小，且热负荷的大小对气温依赖度大，因此在进行日前优化的过程中，将 24 个预测的热负荷值作为输入，分别计算出全天电厂运行的经济性最优方案。

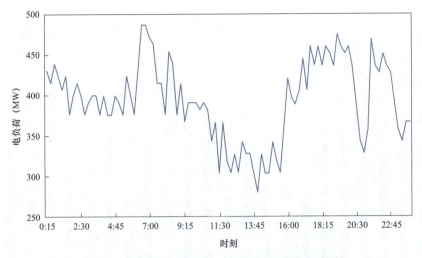

图 2-45 某电厂某日 24h 内电负荷变化趋势

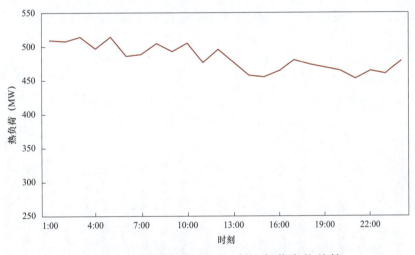

图 2-46 某电厂某日 24h 内热负荷变化趋势

选取了该厂 2019 年 11 月 15 日（运行日一）、12 月 31 日（运行日二）两个运行日的全天热电负荷数值开展日前优化研究。

首先是运行日一的优化结果，图 2-47 和图 2-48 分别为实时优化与日前优化的结果。可见，在同等热负荷的条件下，日前优化得出的计划发电量要比实际的电网指令小，因此，在初冬时，电厂应向电网提前积极参与电网调峰能获得更多的收益。

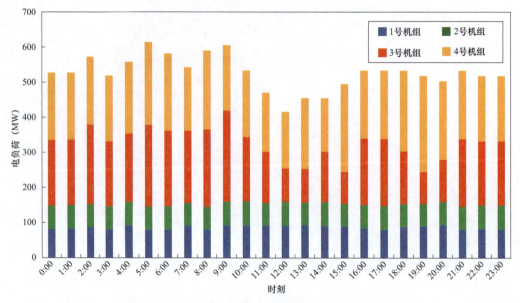

图 2-47 实时优化负荷分配结果（运行日一）

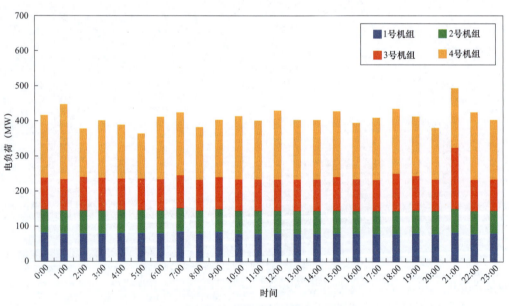

图 2-48 日前优化负荷分配结果（运行日一）

　　图 2-49 和图 2-50 展示了两种优化的收益组成。由于实时优化和日前优化包含了相同的热负荷约束条件，总的热负荷是一定的，因此供热收益基本相同，但是在供电收益和调峰服务收益上则差异较大。日前优化的分配方案显示，在初冬时节热负荷较低的情况下，电厂在同等热负荷的基础上，应倾向于少发电。而在收益组成中可以看出，日前优化方案的供电收益虽然减少，但是调峰辅助收益相对于实时优化的结果有

了明显的增加。

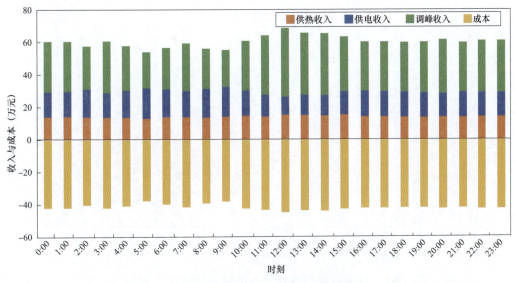

图 2-49　实时优化收益组成（运行日一）

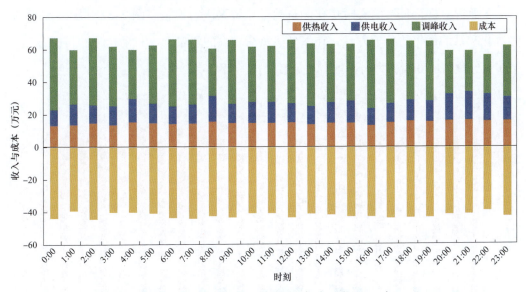

图 2-50　日前优化收益组成（运行日一）

　　图 2-51 则是将日前优化与实时优化的电厂利润做了一个对比。在全天 24 个整点时刻中，电厂在采用日前优化的方案后利润都得以增长，其中提升最低的时刻为 22:00，仅增长 4.28%，而 0:00 增长的比率为 56.30%。而综合全日的优化结果平均计算，在运行日一的场景中，采取日前优化电厂可获得 28.07% 的总收入提升。可见，在初冬时期通过日前优化辅助生产计划的决策，对电厂整体的收益具备良好的提升效果。

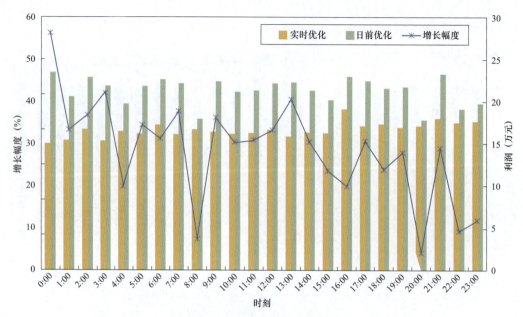

图 2-51　日前优化与实时优化的经济性比较（运行日一）

下面再对运行日二的实时优化和日前优化效果进行比较。图 2-52 和图 2-53 为实时优化和日前优化的分配方案，在深冬热负荷较高的场景下，日前优化获得的分配方案中，电负荷的降幅更为明显。

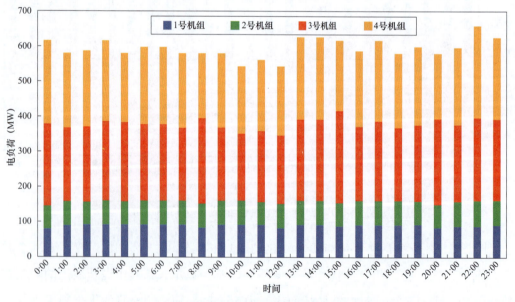

图 2-52　实时优化负荷分配结果（运行日二）

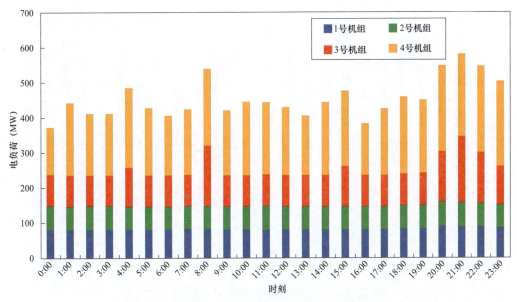

图 2-53 日前优化负荷分配结果（运行日二）

图 2-54 和图 2-55 则是实时优化与日前优化的收益组成情况。相比于运行日一的收益组成，经过日前优化后的调峰收益增长尤为明显。总体经济收益的比较显示在图 2-56 中。在深冬较高热负荷的条件下，日前优化在各个时刻仍然可以实现 3.71%～50.74% 的经济性提升。而综合全日的优化结果，在运行日二的场景中，采取日前优化可以电厂可获得平均 31.51% 的总收益提升。

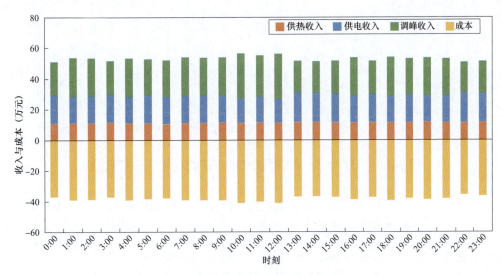

图 2-54 实时优化收益组成（运行日二）

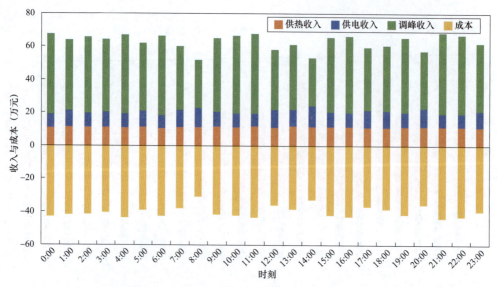

图 2-55 日前优化收益组成（运行日二）

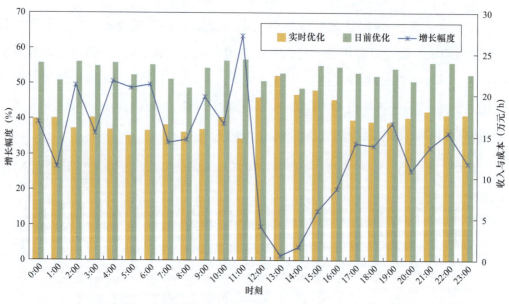

图 2-56 日前优化与实时优化的经济性比较（运行日二）

　　可见，对电厂采用日前优化的方法，提前规划次日的生产计划，对于电厂整体的经济性可以有巨大提高。由于本文比较的是日前优化和各个时间段实时优化的结果，而实时优化是电厂在当时的热电负荷条件下所能达到的经济性最优工况，因此，在实际的生产运行过程中，将日前优化与实时优化相互结合，电厂的经济性提升效果将更为显著。

3 含长输供热的城镇供热系统多热源联网调度优化技术

对于北方地区而言，供热系统传统热源主要以热电联产、燃煤锅炉为主。随着近年来世界异常气候的进一步加剧，多种极端天气的频繁发生，多个国家均制定了本国应对碳达峰、碳中和的方式。我国 2020 年提出要在 2030 年实现碳达峰、2060 年实现碳中和，在此背景下，供热系统出现了太阳能、热泵、电加热、地热等多种其他供热热源形式。然而目前，新型供热方式在技术及成本上仍存在一定的限制，供热能力和供热区域相对有限。北京市城市管理委员会发布《北京市"十四五"时期供热发展建设规划》，对"十四五"末北京市供热结构进行了预测，规划指出，到"十四五"末，全市城镇地区基本实现清洁能源供热，供热结构不断优化，新建的耦合供热系统中新能源和可再生能源装机占比不低于 60%，新能源和可再生能源耦合供热比例达到 10%，由此可见，热电联产供热仍作为供热热源的主力形式，存在于北方供热系统中。

由于城市区域一般建筑密度相对较高，因此针对城市应多建立集中供热管网，针对城镇和乡村，有条件的应建立集中供热管网，不满足集中供热管网建立条件的应采用分散采暖方式。对于城市中的集中供热管网，一般为热电联产、燃煤锅炉为主导，多种供热热源相结合。随着近年来对燃煤锅炉的进一步限制，热电联产热源的占比逐渐提高。对于一些市内热电联产供热热源供热能力不足的情况，还需要引入周边地区的热电联产热源，通过长输供热的方式实现集中供热。因此，集中供热系统需要进一步根据热源、热网、热用户的情况，制定多源联网供热方案。

目前，包头、北京、济南、太原等多个城市规划了多热源参数和并网供热模式，其中太原市在 2016 年引入古交兴能电厂供热热源，目前通过长输供热的方式已连续运行多年。然而，在多热源联网供热过程中，尤其是应用长输管网的供热系统中，如何根据负荷灵活的变化匹配各个热源的供热负荷，在保持系统稳定性的基础上实现有效的调节，并通过热网热力、水力工况的优化减少供热能耗、降低运营成本，是目前多热源联网供热系统仍待解决的问题。目前，随着社会数字化进程的推进，智慧技术也越来越多地被应用于供热系统，国内多个城市、多个企业也在近年来大力推进智慧供热技术，通过搭建智慧供热平台，对供热系统进行智慧调节。

随着供热系统多源联网的进一步发展，尤其是在未来，城市供热系统耦合更多种类型可再生能源后，为了进一步提高多热源联网系统的安全性和经济性，需要了解供热系统中各个热源的工艺机理，研究各热源在不同供热工况下的供热能力和供热成本。本章针对常用的两种供热热源，热电联产热源和尖峰锅炉，展开相关介绍，并从实际工程案例出发，针对当前集中供热系统中具有较大潜力的长输供热系统及其运行方式进行分析。

3.1 我国城镇供热典型热源

目前在国内的许多城市中，集中供热系统一般以一个或多个热电联产热源作为基本热源，以多个锅炉房作为尖峰热源，在供暖季的初期和末期，热负荷需求较低的时候，热电联产热源负责城市整体供热；而在供暖季的尖峰期，热电联产热源供热能力不足以满足城市热负荷需求情况下，启用尖峰锅炉。另外，尖峰锅炉同样可以作为热电联产热源发生故障时的应急热源使用。

3.1.1 热电联产热源

火电是我国目前装机容量占比最高的发电形式。火电机组一般由燃煤锅炉、汽轮机、凝汽器、冷却塔、给水泵、回热器等设备组成。其中，燃煤在锅炉中燃烧，将给水加热为高压蒸汽，先后进入高压缸、中压缸、低压缸推动汽轮机旋转做功。

热电联产热源是在火力发电厂基础上发展而来一种电热联供的热源方式，在传统的纯凝机组之上，通过提高低压缸出口背压，利用低压缸排汽余热，或直接采用中排等抽汽，在发电同时实现供热。热电联产热源长期以来作为国内目前最主要的供热热源形式，得到了较长时间的发展。目前，我国热电联产热源具有以下特征：①装机容量逐年提高，热电联产机组的效率与机组容量有较大关系，机组容量越大，热电联产机组效率越高；②改造机组逐年增多，我国目前正在推进火电机组灵活性改造，其中，机组深度调峰能力作为灵活性改造的一部分，提高以后能够为电厂创造更多的深调收益，低压缸零功率改造便是一种典型的改造方式，近年来在热电联产改造方面应用较广；③热电比和热电联产机组余热利用存在部分较低的情况，随着一些地区可再生能源发电能力的提升，火力发电负荷受到一定的限制，导致供热能力降低，供热量不足，出现地区性热电不协调的情况。

目前，热电联产热源根据供热应用领域可以分为工业蒸汽领域和民用供暖领域，工业蒸汽领域供热包括低压蒸汽、中压蒸汽和高压蒸汽，民用供暖领域主要通过中排抽汽或乏汽余热来实现供热。下面根据不同热力系统方式介绍几种典型热电联产系统。

（1）中低压连通管打孔抽汽供热。在传统的纯凝机组中压缸和低压缸的连通管上，通过打孔引出抽汽供热回路，抽汽经过减温减压器后进入热网加热器中，加热热网循环水实现供热。中低压连通管改造方案由于改造范围较小，成本较低，且改造后系统运行稳定性容易保证，因此一般被多数机组供热改造采用。

（2）汽轮机旁路供热。汽轮机旁路供热方式主要目的是在供热的同时有效降低机组发电功率，从而提高机组电调峰能力，因此汽轮机旁路供热主要是利用机组热力系统中产生的高品质蒸汽用于采暖供热。一般汽轮机旁路供热的抽汽来源包括再热蒸汽、汽轮机旁路主蒸汽、主蒸汽管道抽汽减温减压后蒸汽、高低压旁路联合供热蒸汽。此种热电联产供热系统改造技术成熟，成本较低，但是将高品质蒸汽直接用于供热，热经济性相比其他热电联产供热系统相对较差，并且，抽汽流量变化可能引起汽轮机轴向推力和叶片强度超限等危及机组运行安全性的问题，对于提高机组最大供热能力的作用也有限。

（3）光轴/高背压供热。光轴/高背压供热方式均是通过相关汽机结构改造降低低压缸的做功能力、从而提升低压缸排汽品位用于供热的方式。其中，高背压供热方式指采用末级叶片较短的供热低压转子，提高汽轮机背压运行，在非供热期，将供热低压转子更换成原低压缸转子，实现机组纯凝运行。光轴供热方式是在供热期将原低压转子更换为不带叶片的光轴，从而将低压转子的鼓风损失降至近似于零，避免了常规低压转子在供热期运行必须保证一定冷却蒸汽流量的运行需求，使机组供热能力大幅增加。光轴/高背压（双转子）供热方案能实现利用排汽余热加热热网循环水，从而大幅提高机组的供热能力和供热面积，供热经济性高。

（4）低压缸零功率供热。低压缸零功率供热技术在低压缸高真空运行条件下，采用可完全密封的液压蝶阀切除低压缸原进汽管道进汽，通过新增旁路管道通入少量的冷却蒸汽，用于带走低压缸零功率改造后低压转子转动产生的鼓风热量。与改造前相比，低压缸零功率供热技术将原低压缸做功蒸汽用于供热，减少机组冷源损失，降低机组发电煤耗率；在相同锅炉热负荷条件下，可提高机组供热能力；在供热量不变的条件下，可一定程度降低机组发电功率，实现深度调峰。

与高背压供热、光轴供热等改造方案相比，低压缸零功率供热技术能够实现供热机组在抽汽凝汽式运行方式与高背压运行方式的灵活切换，使机组同时具备高背压机组供热能力大、抽汽凝汽式供热机组运行方式灵活的特点，避免高背压供热改造（双转子）和光轴改造方案采暖期需更换两次低压缸转子的问题和备用转子存放保养问题，机组运行时的维护费用相对较低。

近年来，随着城市建设速度及绿色发展质量明显提升，推进集中供热、淘汰燃煤小锅炉成为政府重点工作任务。以某市为例，由于城市建设步伐的加快，供热能力成为制约该城市发展的突出问题，市政府也在积极研究对策。该市市区原有供热热源包括电厂 2×200MW 机组、热电分厂 3×53 MW 锅炉、热力分公司 4×58+2×29+2×14MW 锅炉、郊区分厂 3×29MW 锅炉，设计总供热能力 1204MW，核定供热能力 1139MW，热指标 61.59W/m^2，折合供热面积 1848.82 万 m^2。各热源供热情况明细见表 3-1。

表 3-1　　　　　　　　某各热源供热情况明细表　　　　　　　　万 m^2

热源名称	供热面积	采暖期各热源接带面积	各热源剩余供热面积
电厂 2×200MW 供热机组	1039	1099	-60
热电分厂 3×53MW 热水锅炉	220.82	216	4.82
热力分厂 3×29MW 锅炉	128	0	128
热力分公司 2×29MW+2×14MW+4×58MW 锅炉	461	477	-16
总供热面积	1848.82	1792	56.82

在此情况下，为彻底解决该城市发展面临的供热瓶颈问题，当地供热企业依托当地周边大型电厂，开展了长距离供热项目的可研编制工作，并积极与政府沟通，得到了市领导的高度重视。该市周边电厂距市区中心85km，共有6台机组，总装机容量为3400MW，各机组情况如下：

一期工程安装两台俄罗斯500MW超临界机组，分别于1998年11月和1999年9月投产发电，后由北京全四维进行通流改造，改后机组型号为N550-23.54/540/540，设计工况下中压缸排汽量为1055t/h，排汽压力为0.25MPa，排汽温度为194℃；

二期工程安装两台哈尔滨汽轮机厂生产的600MW亚临界机组，分别于2007年和2008年投产发电，汽轮机型号为N600-16.7/538/538，设计工况下中压缸排汽量为1281t/h，排汽压力为0.81MPa，排汽温度为335℃；

三期工程安装两台哈尔滨汽轮机厂生产的600MW超临界机组，分别于2010年和2011年投产发电，汽轮机型号为CLN600-24.2/566/566，设计工况下中压缸排汽量为1197t/h，排汽压力为1.03MPa，排汽温度为365℃。

根据规划该市供热区域总供热面积2514万m²，目前已由市区2电厂分别接带供热面积930万m²、747万m²，其他热源（14台热水锅炉）供热面积为837万m²，预计5年内新增供热面积为480万m²。为替代落后产能、保证市区日益增长的供热需求，对上述大型电厂进行全厂供热能力提升改造，建设长距离供热输送管网进行供热。通过反复论证与分析，针对该电厂的三期共6台机组，分别选用不同的供热改造方式，实现长输热源的供热改造与梯级利用。

1. 一期机组

针对一期机组，根据电厂机组设计热力特性得知机组设计为纯凝机组，参考制造厂给定机组供热工况下低压缸最小排汽流量可知，对于双缸机组对应的单缸设计最小排汽流量约为190t/h，若只进行打孔抽汽供热改造工况时，低压缸最小排汽流量约为380t/h。低压缸零功率供热改造后，为了防止低压缸末两级叶片出现鼓风损失从而引起叶片超温以及应力超限等问题，需要引入一定量的中压缸排汽对低压缸进行冷却。对改造后机组供热能力核算时单侧低压缸冷却蒸汽流量为30t/h。以汽轮机运行满负荷550MW工况为例，根据实际缸体效率等热力特性进行分析，核算汽轮机可实现的最大供热抽汽能力，并以此为基准，分析机组低压缸零功率改造前后的供热能力、供热经济性和电调峰能力变化：

（1）改造前，TMCR进汽工况时，锅炉蒸发量为1683t/h，汽轮机功率为473MW，

300MW 湿冷亚临界、湿冷 600MW 超临界、600MW 空冷压/超临界、1000MW 超临界湿冷四种为例进行比较分析，可得到打孔抽汽供热方案的特点：

（1）纯凝机组供热改造，分缸压力较高（0.8~1.2MPa），在汽轮机本体不做改动的情况下，供热抽汽量额定约为 400t/h，最大约为 500~550t/h。

（2）机组容量和供热能力成正比。

（3）热电比值和机组容量成反比关系：机组容量越小，热电比值越大；反之则越小。

（4）相同供热量条件下，连通管抽汽供热模式具有一定的电调节能力，且机组供热量增大，电调峰能力越低。

该电厂二期机组为亚临界 2×600MW 机组，通过热力分析核算，可获得以下结果：

（1）改造前，TMCR 进汽工况时，锅炉蒸发量为 1932t/h，汽轮机功率为 641MW，低压缸排汽流量为 1134t/h，发电煤耗为 292.3g/（kW·h）；改造后，TMCR 进汽工况时，锅炉蒸发量为 1932t/h，汽轮机功率为 528MW，最大供热抽汽能力为 450t/h，折合供热负荷 355MW，供热面积为 591 万 m²。

（2）改造前，THA 进汽工况时，锅炉蒸发量为 1781t/h，汽轮机功率为 599MW，低压缸排汽流量为 1062t/h，发电煤耗为 292.8g/（kW·h）；264.3g/（kW·h）；改造后，THA 进汽工况时，锅炉蒸发量为 1781t/h，汽轮机功率为 504MW，最大供热抽汽能力为 380t/h，折合供热负荷 300MW，供热面积为 500 万 m²，发电煤耗为 267.8g/（kW·h）。

根据当前机组运行方式可知，考虑供热改造后供热期热网疏水回收至热井，疏水温度在 70℃左右。机组进行中低压连通管打孔抽汽改造后，减小了机组冷源损失，一定程度上提高了机组的供热能力和运行经济性。机组经过连通管打孔抽汽改造后，机组采暖抽汽能力明显提升，发电煤耗降低，较纯凝运行工况机组运行经济性明显提高。

改造前、后发电功率均与主蒸汽流量成线性关系，改造后相同主蒸汽流量下汽轮机发电功率下降，且主蒸汽流量越小，发电功率下降值越小。相同主蒸汽流量条件下，打孔抽汽运行时机组发电功率相比改造前平均下降约 80MW。

另外，打孔抽汽改造后机组发电煤耗较改造前也有所下降，不同负荷率下发电煤耗下降值基本相同，发电煤耗率平均下降约 26 g/（kW·h）。

3. 三期机组

针对三期机组，利用三期 2×600MW 机组原有四段抽汽口作为尖峰汽源备用，同时热网首站预留二期机组余压梯级利用设备的位置。由于三期四段抽汽口压力过高，且作为尖峰备用汽源使用，在此不做过多分析。

通过上述改造后，TMCR 工况下，采取一期低压缸零功率供热＋二期打孔抽汽供热＋三期现有中排抽汽能力供热改造后，电厂总供热负荷可达到 1827MW，可满足 3045万 m² 的供热需求，供热潜力巨大。因此，供热改造完成后满足近期市区 1528 万 m² 供热需求。2022～2023 年供暖季期间，长输热源总供热面积达到近 1200 万，有效解决了该市供热能力不足的问题。

3.1.2　尖峰锅炉热源

锅炉是利用煤、天然气等燃料，或者电、其他能源等，将其内部的液态介质加热到一定的温度和压力，并能承载相应温度和压力等参数的密闭设备。锅炉按照介质可分为承压蒸汽锅炉和承压热水锅炉。供热领域尖峰锅炉是在供暖季严寒期，为应对寒潮降温，快速适应热负荷需求的锅炉。

供热领域通常在区域锅炉房内装设热水锅炉及其附属设备，直接制备热水的集中供热系统，多用于城市区域或街区的供暖。锅炉房位置一般设置在热负荷比较集中的地区，目的为了缩短管路，节约管材，减少压力降和热损失，而且也简化了管路系统的设计、施工与维修，更有利于减少造价。热水锅炉房集中供热系统通常采用高架水箱、补给水泵等定压方式。

锅炉的热效率是指燃料送入的热量中有效热量所占的百分数。燃煤锅炉热效率通常在 70%～85%，循环系统能耗较高，燃油、燃气、电热锅炉的热效率在 90%～99%。其中降低锅炉排烟热损失和机械未完全燃烧损失是提高锅炉热效率的重点方式。由于近年来碳排放管理的进一步加强，目前尖峰锅炉正在被有序替代。城市集中供热系统正在有序摆脱对尖峰锅炉的依赖，倾向于发展大型热电联产热源的长输供热与可再生能源供热。

3.2　长输供热与城市热源的互补运行

3.2.1　长输供热系统

伴随中国城镇化进程的不断推进，我国中大型城市集中供热的规模不断扩大，单一城市的供热面积就高达几千万平方米甚至上亿平方米，并趋向于采用多源联网互补运行方式提高供热可靠性和灵活性。在热源侧，既有多种型式的热电联产机组、多种容量的热水锅炉，也逐步开始采用工业余热、地热、热泵、生物质能、太阳能供热等作为补充。热源能源结构形成了以燃煤／燃气热电联产为主、燃煤／燃气区域锅炉房为辅、其他方式为补充的格局。同时，我国北方城镇集中供热管网总长度近30万km，北方城镇现有百亿平方米供热规模，管网系统高达万亿元资产，是优越于欧美国家的大规模城市基础设施和城市生命线之一。

在我国当前能源禀赋和经济发展条件下，大型燃煤电厂热电联产方式是北方地区最主要的集中供热热源。大型燃煤电厂热电联产供热系统高效、清洁超低排放且供热成本低，尤其适宜大规模集中供热系统。然而，在空间尺度上，现有大规模火电厂基地往往远离城市30~100km，热负荷空间不匹配造成大量电厂低品位热量排空浪费，而城市内部又往往存在热源严重短缺局面，因此长输供热输送的经济成本代价和安全性尤为重要，城镇周边火电厂供热改造就必须进行源网系统的一体化优化匹配，才能使得工程得到科学实施；另一方面，在时间尺度上，电负荷和热负荷需求特性也存在着耦合和矛盾，一般而言，城镇热电需求呈现热需求大、电需求小的现象，且热网和建筑热特性具有明显的气候性、热惰性和时滞性，电力需求具有显著的峰谷差，而热电联产供给侧热电比小于需求侧，加上可再生能源发电大幅增加，与热力需求相比，电力供给严重过剩。因此，随着中国集中供热系统的迅速发展，大型燃煤电厂长输供热替代城区落后供热方式的应用逐渐增加。供热系统长输管线工程都是各省市防治大气污染、保障城镇居民供热的重要民生举措，投入了大量的人员和资金进行建设，一旦出现运行故障，影响面积大，并且会造成不良的社会影响和经济损失。同时，随着热电联产比重加大，热电需求侧和供给侧不匹配的问题也将日益呈现。因此，对电厂低品位热量长输供热技术进行研究，指导长输供热管网的优化设计和安全运行，提高电厂电力和热力产品的整体效益，推动热电联产长输供热行业的健康发展。

另外，随着集中供热的发展，由于热力管网规模扩大，城市热网逐渐由原来的单热源向多热源变化，由此带来了水力平衡等调节问题。例如，城市热网由电厂余热及锅炉房共同负责供热，二者供热成本差异较大，较为理想的方式是由电厂余热承担基础负荷，锅炉房承担调峰负荷，那么就需要在运行过程中进行热源切换。在不同热源切换运行时，热网的水力状况会发生巨大变化，传统的人力调平衡方式周期很长，显然不能满足生产需求，就需要热网能够根据监测数据自动调整，调节变频泵、阀门等设备，自动、快速地进行水力再平衡。目前看来，国内的热网控制系统基本还不能实现这种多热源联网运行的动态调节，因而也很难实现热源的迅捷切换，造成能源的较大浪费。

其次，为了实现长输供热的经济性，需要对城市供热进行大温差改造，降低一次网回水温度，拉大供回水温差，以降低输配能耗；同时，电厂也充分利用低温回水的优势，进行余热回收，提高余热供热的比例。然而，电厂余热回收和大温差供热的需求有一定的矛盾。举例来说，大温差换热机组需要高温供水，一次供水温度越高，回水温度越低，大温差效果越好；但是，在有余热回收的电厂内，出水温度越高，高品位热源（采暖抽汽）的消耗量就越大，余热比例越小。因此，在不同的工况下，具有对应的兼顾大温差效果和余热回收比例的运行方式，在此方式下运行，系统节能性最佳。这项研究在所有的长输大温差供热项目中都是缺失的，造成了长输大温差供热项目没有完全利用好节能设备，没有发挥最佳效果。

再者，供热行业存在着能源浪费、污染严重、冷热不均、设备老化、设计落后、计费不合理、供热能源单一等诸多问题。特别是随着集中供热的发展，由于热力管网规模扩大，结构逐渐复杂，各种管道事故日益增多，能耗升高，造成的经济损失和社会影响较大。

在北欧，长距离集中供热输送管道已经应用了几十年，是实现多重效益的技术解决方案，包括但不限于：利用偏远工业和发电厂的余热，通过合并集中供热网络，平衡可用的热能生产能力和热需求，实现更优化的整体生产组合。北欧一些长距离集中供热输送管道可达 60km 以上，一些与远端热源相连，如工业余热或电厂余热，另一些连接两个或若干独立管网。

我国的集中供热输送管道输送规模是世界最大的，系统也更为复杂，相比北欧，我国长输供热工程的电厂余热利用程度、输送管网的管径和供热规模更大。随着我国集中供热系统的迅速发展，集中供热长输管线的应用逐渐增加。目前北方地区单机 300MW 以上的火力发电容量 5.8 亿 kW，供热能力 8 亿 kW，可实现供热能力 200 亿 m^2。十部委部制定的《北方地区冬季清洁取暖规划（2017~2021 年）》指出："可对城市周边具备改造条件且运行未满 15 年的纯凝发电机组实施供热改造，必要的需同步加装蓄热设施等调峰装置。全面推动热电联产机组灵活性改造，实施热电解耦，提升电网调峰能力"。

目前我国已建成运行的国内首条大温差长输供热工程——古交兴能电厂到太原市西外环长输热网工程，该长输热网敷设了 4×DN1400 管道，供热距离 37.8km，高差约 180m，沿途设置 3 座中继泵站、一座事故补水站和 1 座中继能源站。通过中继能源站大型板式换热器隔压换热后向太原市市政一级热网供热，最终实现向太原市城区 7600 万 m^2 建筑供热，2016 年投运至今安全平稳运行了四个采暖季。

此外，石家庄、银川市、郑州市、呼和浩特市、大同市、乌鲁木齐市等地也有相继投运或正实施项目。其中，位于蒙东地区的伊敏–海拉尔长距离供热工程 2021 年建成投运，是国内规模最大的高寒地区长距离供热综合能源利用工程。伊敏长距离供热工程，桩长 70.6km，供、回水管道直径 DN1200，管线设置热网首站 4 台供水泵，隔压站 4 台回水泵，沿程管线设置两级共 8 台热水升压泵和两级共 8 台回水升压泵。长输管线共设置 6 级泵组，每级泵组均为 4 台并联，每台水泵流量为 2900t/h。每台水泵出口门为 DN600 电动球阀，共 24 台。每台水泵入口门 DN700 手动球阀，每台泵组旁路设置 1 台 DN1200 逆止阀。热网首站 4 台基本加热器旁路设置 1 台 DN1200 电动球阀，热网首站 2 台尖峰加热器旁路设置 1 台 DN1200 电动球阀。伊敏长距离供热抽汽引自于伊敏电厂的三期共 6 台机组，每期机组根据自身特性，进行了不同形式的供热改造，共实现供热能力 1800 多 MW。截至 2022 年，在连续 2 个供暖季期间，该项工程彻底解决呼伦贝尔市城市发展面临的供热瓶颈问题，是利用高参数火电机组能效高的特点发展集中供热的一次实践探索，也是响应国家号召能耗双控、碳达峰、碳中和发展要求、满足海拉尔地区百姓绿色供热需求的一项惠民工程。工程的顺利投运，保障了海拉尔市区 20 万居民的供暖，解决了中心城区 1528 万平方米供热需求，有效解决海拉尔集中供热热源短缺和分散锅炉燃煤污染环境问题，每年可节约标煤 30 万 t 以上，节能和环境效益显著。

另外正在进行可行性研究阶段主要有以下两个输送距离长、规模大的工程：一是由郝集电厂至济南市西部的大温差长输供热工程，管线为 4 根 DN1400 供热管线，全长 65km，供热面积 1 亿 m^2。二是托克托电厂至呼和浩特市长输管线供热工程，管线为 4 根 DN1400 供热管线，距离城市边 70km，供热面积 9100 万 m^2。目前，托克托电厂至呼和浩特市长输管线供热工程已全面开工，预计将成为长输供热的另一项大型典型工程。

由以上几个大型长输供热工程可以看出，我国兴建的集中供热系统长输管线管径大、管内输送介质温度高、压力大、承担热负荷大，而且供热系统长输管线工程都是各省市防治大气污染、保障城镇居民供热的重要民生举措，投入了大量的人员和资金进行建设。长输管线一旦出现运行故障，影响面积广，并且会造成不良的社会影响和经济损失。为实现安全、经济的运营调度，需要进一步对长输供热系统与城市供热系统调度进行规范化和标准化，典型控制架构如图 3-1 所示。相对大量工程实施和论证而言，系统智慧化、自动化等智慧供热关键技术的应用将更有利于实现长输供热系统的安全节能运行。

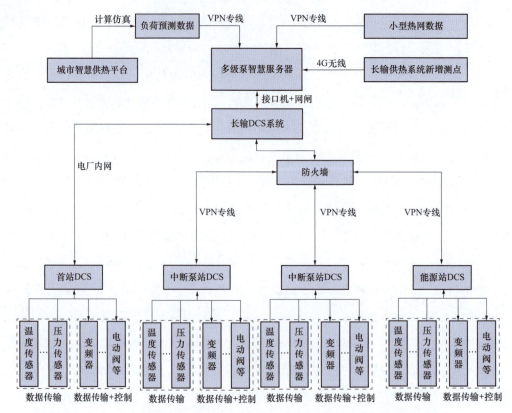

图 3-1　长输供热系统与城市供热系统控制架构与智慧功能实现

长输供热的源网协同及其智慧化安全运行策略对长输供热系统的低能耗、高可靠热网技术具有重要意义。需要提炼适宜的长距离输送智慧供热系统关键技术，制定涉及长输系统安全与节能方面的控制策略，如图 3-2 所示，指导长输供热管网的优化设计和安全运行，推动热电联产长输供热行业及清洁供热事业的健康发展。

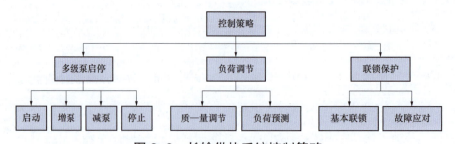

图 3-2　长输供热系统控制策略

3.2.2　长输供热安全运行

目前对于长输供热系统的控制策略主要包括安全运行和负荷调节。安全运行包括长输管网多级泵的启停、联锁保护、故障应对等；负荷调节是长输供热系统的重要控制部分，包括热用户区域的负荷预测和质量调节方式。目前，针对长输管网的调节包括定流量运行、定出口温度运行和质量并调等方式。考虑到长输供热系统的灵活经济运行，一般会在供暖季前根据负荷需求制定质－量调节策略。其中，量调节策略制定了长输管网的运行流量，从而确认多级泵的运行频率，在长输管网侧实现控制；质调节策略制定了长输管网的供水温度，通过改变机组抽汽量实现，在电厂机组侧实现控制。

为了实现长输供热系统的安全运行，通常需要采用动态水力计算软件分别计算不同工况下各类事故状态发生后长输管道的压力波动，如图 3-3 所示，判断是否能够保证长输管道的安全运行，对会出现安全隐患的工况进行优化，得到预期结果。当管网在设定的循环水泵转速、管网各段不同温度运行时，通过长输管网运行数据的分析，研究多级泵联动运行、水击、超压、汽化等故障状况下自动保护、紧急停车、系统可靠性和安全性等多方面的控制策略，识别长输系统运行中存在的各种潜在风险，保证长输系统的安全、可靠运行。

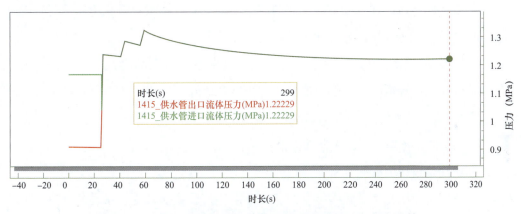

图 3-3　某长输管网中继泵站故障停泵压力波动计算

长输系统的运行数据监测包括供热首站、长输管网侧、换热站的温度、压力、流量、设备运行等多方面参数。例如首站循环水侧的回水压力、供水压力、回水温度、供水温度、循环水泵频率、阀门开闭状态等参数；长输管网侧的中继泵站循环水泵频率、中继泵站入口压力、出口压力、入口温度、出口温度、中继泵站阀门开闭状态、沿程温度压力、流量等参数；换热站内的回水泵频率、泵前压力、泵后压力、泵前温度、泵后温度、阀门开闭状态等参数。

长输供热系统应重点针对下述几方面制定相关预警及故障应对内容：

（1）在长输管网循环水正常稳定运行工况下，对长输管网流量、压力、各点温度、水泵频率、阀门开度的变化进行分析，在策略中建立数据变化梯度异常标准，当参数变化速度超过判定值时，根据超过判定值的范围大小产生预警；

（2）对长输管网循环水进行流量调节时，根据实验结果及模型计算结果，预先制定水泵频率、阀门开度与运行流量、压力的合理变化关系范围，当流量、压力变化范围超过正常变化范围时，在系统内发出预警；

（3）对长输管网循环水进行质量调节时，根据机组抽汽的温度、压力、流量、循环水的回水温度、流量及换热器模型判断循环水供水温度的正常变化范围，当温度变化范围超过正常变化范围时，在系统内发出预警；

长距离多级泵循环加压供热系统，其最主要的安全运行策略为：通过统一的控制系统，控制各级加压泵（通过变频器），完成系统的启停及事故应急处理，避免单一泵站操作造成系统的震荡，影响系统的安全。

1. 系统启动前检查

（1）系统启动前，管道循环系统阀门应全部处于开启状态，系统连通、泵站旁通等运行时需切断的阀门应处于关闭状态。

（2）应保证：系统内所有泵站以及泵站与调度中心之间通信正常。

（3）应保证：管道内充满水，电厂内定压高度达到设计值，各压力测点压力应与计算压力相符，否则报警，且不能启动循环泵。

（4）系统内设备均正常，无异常报警。

2. 系统启停过程控制

管道系统（高压侧）设置多级泵组，所有循环泵设置变频器，并通过自控系统进行统一的工况控制。

（1）启泵过程：管道中所有泵组以相同频率同步低频启动。在10min内（此时间可设定）调整所有的水泵变频器的频率，均匀地从0Hz升至10Hz，在10Hz停留，对管道各个测点压力进行自检，压力正常，方可进行下一步操作，否则报警。在频率提升过程中，任一测点压力异常，均停止频率上升，并报警。

根据系统仿真模拟预设各压力测点对应10、20、30、40、50Hz时压力值（可根据运行实际情况调整），频率提升过程中，各测点压力值会趋近于预设值，如提前达到预设值时，自动停止频率提升，并报警。预设各阶段压力值变化趋势，趋势不对时停止频率提升，并报警。

重复上述过程，变频器的频率分别升至20、30、40、50Hz，每一频率应至少稳定运行 10min。

（2）停泵过程：在 10min 内，变频器的频率均匀从运行频率降至 0Hz。对于初次运行，应按上述启泵过程的逆过程完成。

典型启泵过程如图 3-4 所示。

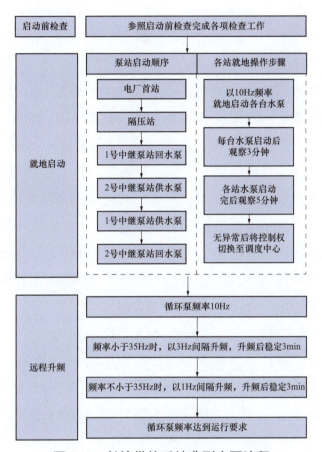

图 3-4　长输供热系统典型启泵流程

3. 运行调节

长输供热管线水力调整过程中仅涉及流量调节：在给定流量下，首先根据仿真结果将循环泵调整至所需运行频率，而后将所有循环泵变频器频率升或降 1Hz（3min 内均匀变化），检测系统压力和流量。

温度监测考虑管道承受能力、水的汽化点，设置温度异常报警。

4. 事故应急处理

（1）根据电厂、中继泵站换热站内多级泵组的运行情况，当每级泵组单台水泵突然故障处理：关闭故障水泵进出口阀门，对故障水泵进行检修；观测剩余水泵运行功率，如偏移设计功率较大或短期内故障水泵不能恢复运行，可通过降低其余泵站水泵电机的运行赫兹数进行调整。

发现单台泵故障时，手动启动系统统一降频按钮，各泵站统一降至对应赫兹数（包括事故泵站），具体数值详细计算后给出，并结合剩余泵单泵功率情况调整。

（2）单路供电故障时，系统自动给出信号（无信号时手动给出），各泵站统一降对应赫兹数（包括事故泵站），具体数值详细计算后给出，并结合剩余两台泵单泵功率情况调整。

再启动一台泵时不能通过自动切换形式，具体操作应为：运行人员应先确认故障电路是否可以在短期内（如 1 ~ 2h，具体可按操作规程）恢复，如可以恢复，等待故障电路恢复后，手动启泵至低赫兹数（和未断电水泵频率相同），然后，各泵站统一提升频率至正常值。

如短期内无法恢复供电，需要手动启动另一路电源的备用能力，启泵时也应先启动至低赫兹数，然后各泵站统一适当提升频率，但不应达到 50Hz。

当另一路电源恢复供电时，应立刻调整为双路电源供电，调整方案为先将整个系统频率降低，然后每个系统关闭一台泵，切换至另一路电源，每套系统各启动两台泵至低频率，再和其他泵站一起同频率启动至正常值。

（3）每级泵组水泵突然停电时，按照计算得到的对应措施运行。

（4）系统压力异常时，均可通过设定调整频率及均匀调整时间进行流量调整。

（5）系统温度异常时：供水温度低于设定波动下限 / 高于设定波动上限，系统及时报警；回水温度高于设定上限，系统及时报警；各测点温度变化率高于设定值，系统及时报警。

（6）运行期间出现系统大规模泄漏需要停泵关阀门时，执行操作为：3min 全系统停泵，10min 关阀同步动作。

（7）非运行期间（循环泵未运行），紧急关阀时间为 3min。

5. 必要的连锁控制

（1）系统电动阀门（运行时需开启的）处于关闭状态时，不能启动循环泵，循环泵未进行停泵操作时，电动阀门不能执行关闭操作。

（2）定压点处探测到压力低于设定下限，自动补水，压力高于设定上限，自动降频。

（3）电动主阀门与电动旁通阀门连锁。

关阀操作：先关闭主阀门，再关闭旁通阀门。

开阀操作：先开启旁通阀门，再开启主阀门。其他操作顺序禁止。

（4）禁止单一泵站的启停操作，各泵站应在控制中心的控制下统一操作。

（5）长输管道循环流量变化时，一级管网的循环流量需要联动变化，一级管网的循环流量发生变化时，长输管网的循环流量需要联动变化。

3.2.3 长输供热节能运行

首先，对于长输管网的量调节方案，通过利用供热网络图论，对长输管网各段建立流量节点方程，进行求解，可以获得整个管网的流量分布和压力分布，结合水泵的效率曲线，可以获得多级泵不同运行工况下的能耗情况，由能耗角度出发，得到不同流量工况下整个多级泵组的节能运行方式。另外，考虑到电厂供热首站一般设置在厂内，循环水泵耗电均为厂用电，针对长输供热系统属于电厂的情况，可以通过尽量提高首站循环水泵功率、降低其他循环水泵功率的方式，提高耗电中的厂用电占比，进而获得经济效益。

图 3-5 和图 3-6 为根据供热负荷变化进行的长输供热系统的质 – 量调节策略，最终，长输供热系统的量调节通过多级泵的启泵方式和启泵频率控制实现，长输供热系统的质调节通过加热器的投运数量和机组侧的抽汽温度、压力、流量控制实现。

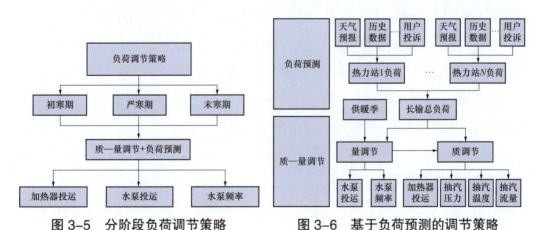

图 3-5　分阶段负荷调节策略　　　图 3-6　基于负荷预测的调节策略

其中质调节还需要考虑机组侧不同机组投运数量的抽汽控制。对于单台机组供热的情况，相对较为简单，只需要根据抽汽在加热器进出口的焓差，制定所需热负荷条件下的抽汽量，对单台机组的抽汽量进行控制。而对于多台机组供热，尤其是抽汽参数偏差大的情况，比如一共有 6 台机组供热，每台机组的供热抽汽形式和供热抽汽参数存在一定差异，则需要从电厂厂级整体出发，首先对所需要的总的热负荷进行厂级各机组的优化分配，确定每台机所需要的供热抽汽量，再进一步进行机组的抽汽控制。

针对不同供热阶段中量调方案，通过分析不同流量下水泵运行特性及整体管路的水压特性，建立长输管网运行的能耗模型，同时考虑长输管网中首站泵组使用厂用电、其他泵组使用市用电的情况，从整体输热经济性、安全性角度出发，制定多级泵站的调整顺序、频率控制等策略，实现多级泵站的节能运行。

长输系统运行能耗模型可根据热网运行需求流量、不同泵组需求电价等因素，针对长输供热管线输送距离长、水力工况复杂的情况，计算在不同负荷要求下的长输系统能耗。长输系统运行能耗模型依据网络图论的基本原理进行搭建。网络图论是依据网络拓扑关系（线性实体之间、线性实体与节点之间、节点与节点之间的连接、连通关系），并通过考察网络元素的空间、属性数据，对网络的性能特征进行多方面的分析计算。将供热管网中的管段抽象成一条线，线与线由节点相连。这样，一个供热管网的管网图就转化为图论中的网络图。而且管道中的水流是有方向的，所以管网图是有向图。网络图论是网络分析的主要工具，用于供热管网的水力分析，既充分发挥了图论理论的优势，使计算变得简便、迅捷，又可将管网上的节点，例如某管段、某用户以及管网上的附件加入计算，使结果更准确、更符合实际，同时还可以分别对管网上的节点（或管段）计算并加以分析，而找出系统出现问题的环节和薄弱点。

对于长输供热系统归属厂内的情况，需要同时结合首站泵组使用厂用电、成本较低，而其他泵组使用市用电、成本较高的情况，考虑长输系统耗电输热经济性、安全性，综合考量多级泵高效运行区间，提出合理的经济运行模式，优化长输系统多级泵运行方式，达到长输供热安全、稳定、经济运行的目的。

实际工程应用中，其具体的计算过程如下。

1. 确定供热管网实际阻力系数

对整个长输管道分出区段，并进行编号，在现场测取任一运行工况下供热管网的各管段，并得到以下数据：

（1）供热管网在测试期间循环水泵的运行台数及其型号；

（2）供热管网中各管段的流量 G_i；

（3）各管段相应的压力降 ΔH_i；

（4）各管段的阻力特性参数（各管段的管径、长度、部件等）；

（5）根据公式 $S_i = \dfrac{\Delta H_i}{G_i^2}$ 确定各管段的实际阻力系数 S_i，即长输管网的实际结构和水力工况。

在测量过程中，应保证供热系统在稳定工况下（压力、流量等稳定），以提高测量精度。

2. 确定水泵的实际工作曲线

根据测试数据，获得各个泵站（包括首站、换热站）水泵的实际工作曲线，包括流量–扬程曲线以及流量–效率曲线。

（1）水泵流量–扬程曲线以及流量–效率曲线，可近似认为是二次多项式曲线，即水泵扬程

$$\Delta H_i = a_i G_i^2 + b_i G_i + c_i \tag{3-1}$$

水泵效率

$$\varepsilon_i = d_i G_i^2 + e_i G_i + f_i \tag{3-2}$$

其中，$a \sim f$ 为待定系数，需要根据水泵样本曲线或实测数据确定；

（2）对水泵在不同工况下的运行参数进行测量，获取不同工况下的频率、流量、扬程、功率等运行数据；

（3）根据上述公式，拟合获得各个水泵的流量–扬程曲线以及流量–效率曲线；

（4）在测量过程中，应保证水泵在稳定工况下运行。

3. 建立管网的水力模型

根据前面获取的管路各阻力部件（包括管道、换热器等）阻力模型，以及水泵的模型，利用网络图论的方法可以建立整个长输管道的稳态水力模型，该模型可以用于计算不同流量工况下水泵能耗、压力分布等参数。

4. 优化运行策略确定

利用管网稳态水力模型，计算在同一流量要求下，不同调节方式下，水泵的功耗情况，进而建立寻优算法，确定最佳的水泵运行调节方式。

由于流量调节具有一定的周期性，无法时刻进行调节，而电厂首站供水温度存在较大幅度的波动，如图 3-7 所示。多级泵平台采用的计算逻辑为使用某时刻的换热站瞬时温差，计算未来调节周期内所需的循环流量，会产生一定偏差。因此应采用一定周期内的平均温度，理论上，应采用未来调节周期内流过换热站的平均温度进行流量计算。

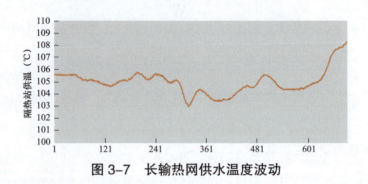

图 3-7　长输热网供水温度波动

第一种较为容易实现的平均温度计算方法为采用某时刻开始特定时间段内的平均温度，但是该平均温度与计算起始点及周期有关系，不具备普适性。

第二种是计算前一周期的平均温度，作为下一周期流过换热站的平均温度。需要实现移动平均计算逻辑，根据实际数据情况，按照该方法计算的两个温度值实际偏差会超过 2℃，温差偏差接近 3%，进而导致较大供热偏差。

第三种为采用系统循环流量计算时滞性，如图 3-8 所示。根据时滞性和首站供水温度判断换热站未来一段时间的温度，逻辑如下。该逻辑需假定流量变化较小（4500m³/h 下，流量变化 100m³/h，时间变化约 0.4h）。

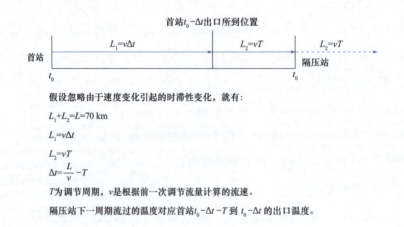

图 3-8　结合时滞性的供水温度预测方法

3.2.4　长输供热与城市热源的互补运行

长输供热与城市热源的互补运行主要包括长输供热与城市热源的多热源调度，同时也可利用长输热源时滞性和蓄热特性，实现长输热源的热电协同。

针对区域供热系统"源网一体、多源互补"的供热特征，根据负荷预测，综合考虑各热源的供热成本、供热负荷限值、供热负荷变化速率与热网承压约束等条件，利用数字孪生功能，对热网的灵活输热能力与温度传输延迟特性进行分析，在保障供热安全条件下，以实现经济、高效供热为目标，建立满足热网动态热负荷需求的多热源间协同运行与优化调度策略，可以指导长距离热源、市区热电厂实现"多源联网"运行，有效减少供热成本，提高公司效益。具体包括：

（1）热源供热成本制定：收集各个热源机组热平衡图和历史运行数据，结合机组煤耗、标煤单价、运输成本、调峰收益，建立机组经济性分析模型，实现机组不同电热负荷下的供热成本的快速评估。

（2）优化分配热源负荷：对于多热源联网供热系统，各热源的供热边界也是动态变化的。基于"数字孪生模型"仿真功能计算满足供热需求的多热源供热区域变化情况，结合不同类型热源的供热成本、供热负荷限值、供热负荷变化速率约束、热网承压约束等条件，获得最优热源功率组合。

（3）长输热源生产调度：长输管网具有高延迟特性，基于供热系统"数字孪生模型"动态计算各换热站随长输热源温度变化曲线的供热延迟时间，分析长输管网的动态延迟特性与蓄热特性，并以满足长输换热站（基本热源）每日动态变化总需求供热负荷为基础，建立长输热源的日前生产调度策略。

（4）应急保障：利用供热系统的"数字孪生模型"，在热源突发故障情况下，在线仿真与计算新的热源组合供热方案下热网的运行状态，验证满足热网"热力平衡"和"水力平衡"条件下基础热源、辅助热源、备用热源的供热区域及功率情况，确定多热源互补供热方案，快速建立"多热源协同运行应急调度策略"。

图 3-9 描述了典型的长输供热与城市热源的互补运行方案。

其中，对于不同的现场情况，供热负荷优化分配的厂级目标存在一定差异，但一般都会以煤耗等经济因素为主要指标。针对多机组的抽汽优化，对于给定的一个热负荷需求和电厂当前运行情况，优化的输入为当前厂内的供热机组数、实时电负荷、供热抽汽量、抽汽量的安全运行边界以及电厂首站所需要的一个总体热负荷，而后需要建立电厂的厂级电热运行模型与能耗分析模型，模型一方面依据电厂机组的热力平衡图资料，锅炉、汽机等部件资料进行建立。另外，可以利用历史数据对模型进行校正。在已建立模型的基础之上，通过对热负荷指令进行分解，研究不同分配情况下的电厂各机组变工况运行特性，以煤耗最低或其他因素为总体指标，对不同的变工况运行方式进行寻优，从而获得热负荷的整体厂级经济运行方案。

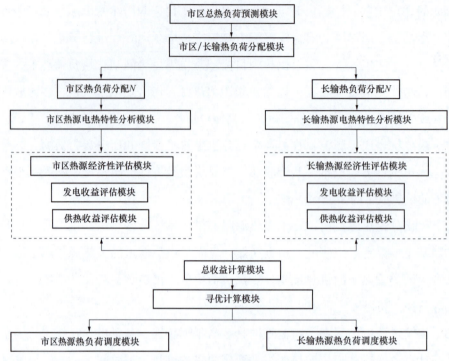

图 3-9　长输供热与城市热源的经济性调度

机组电热运行特性的研究是负荷优化分配的基础，以某个机组为例，可以通过理论计算和数据分析的方式，获得不同电负荷、不同热负荷组合工况下的机组煤耗、热效率、㶲效率等参数，作为变工况分析和寻优的基础。弗留格尔公式是供热机组变工况特性分析的理论基础，该公式反映了流量与级组前后参数的关系式。对于供热机组系统的变工况计算，为适应弗留格尔公式的要求，供热机组热系统变工况计算将以供热抽汽口划界，分汽轮机为两个区段（单抽机）或三个区段（双抽机），各区段分别使用弗留格尔公式。另外，对于变工况特性分析结果，需要从汽轮机最大进汽量、低压缸最小凝汽流量或最小冷却流量、锅炉最小蒸发量、最大抽汽流量等参数进行约束，在满足约束条件下的工况内进行寻优。中间为不同电热负荷下变工况计算的程序流程框图，右边为各台机组供热负荷寻优的计算流程，最终从策略层面获得负荷优化分配比例。

对于多机组抽汽优化的进一步控制，建立以下的控制逻辑。考虑到长输热网系统响应惯性时间合计接近 7h 左右，在控制系统中建立基于抽汽控制 - 市区供热温度变化模型预测的阶梯式广义预测控制器，以未来负荷预测为主，阶梯式反馈控制器调节为辅，实现对热网循环水温度的快速精准调节。各台单元机组根据总热负荷的优化分配确定，进行单元机组的供热抽汽量调节。

某电厂之前进行了长输供热改造，目前厂内和市区侧通过日前订热的方式实现热负荷供应。其中，长输管网和机组抽汽的控制均在厂内实现。从构建"一张网"的角度出发，理应将长输热源厂、长输管网和市区侧联系到一起，从软硬件层面实现全网的互联互通，其中，市区侧的负荷预测通过特定通信方式传回至厂内控制系统，智慧调节系统在厂内实现与长输供热系统、机组控制系统特定环节的打通，从而实现该地区的联网经济运行。

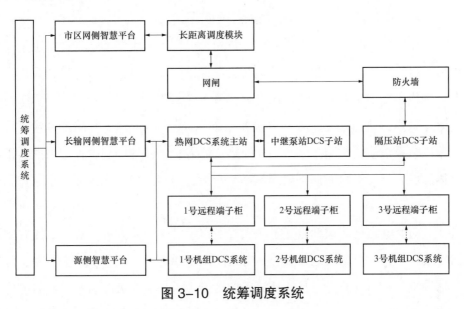

图 3-10 统筹调度系统

另外，长输供热热源受机组开机方式和机组负荷的影响，存在机组供热抽汽量无法满足设定供热需求的情况，此时长输供热系统的温度无法达到设定的供热温度，导致首站实时供热负荷降低。此时可进一步利用长输供热系统的时滞特性与管网的蓄热特性解决该问题。解决思路如下所示：

（1）长输供热系统所供热水从首站到达换热站需要 10～20h（具体时滞时间由系统运行流量决定）。当首站出口温度降低时，流量不变时，此时不影响换热站的实时负荷，因此能满足换热站当前的热负荷需求；当经过特定时滞时间后，温度较低的循环水到达换热站，换热站处温差减小，若流量不变，则换热站无法满足热负荷需求，因此可以通过增大系统运行流量保证换热站热负荷需求；但若此时机组供热抽汽不变，循环流量增大会引起首站的出口温度降低，因此此时应在原有设定供热抽汽量基础上，适当增大机组抽汽量，以保证流量增大后，首站出口温度仍然稳定。通过上述方式，可以利用时滞特性和长输供热系统量调节能力，使系统在首站供热能力随时间分布不均衡的情况下，保证换热站的热负荷稳定，实现热电协同；

（2）上述方案为首站先欠供，而后进行弥补。另外，可通过总结机组日常负荷规律与城市热负荷需求，提前制定热电协同方案。在机组一天当中非深调、非满负荷运行情况下，充分发挥机组的供热能力，令首站出口温度在循环流量不变的基础上进行提高；当温度较高的循环水到达换热站后，在原有热负荷需求不变基础上，由于增大了温差，因此可适当降低循环水流量，此时首站可利用较小的抽汽量便可加热到原设定的供水温度，满足机组的电负荷或调峰需求；

（3）上述方案需要从以下方面实现。首先，应根据机组当前运行情况确定机组的供热能力，机组供热能力根据机组的运行安全区确定，包括：①汽轮机最大进汽量限制；②锅炉最小蒸发量限制；③低压缸最小凝汽流量限制（对于低压缸零功率改造机组，应满足低压缸进汽满足最小冷却流量限制）；④供热抽汽参数满足参数要求。其次，长输供热系统应提供至少未来20h的热负荷需求，以辅助制定首站当前的供热温度，供热温度应根据时滞时间下的换热站热负荷，尽量遵循"大温差、小流量"运行方式。

另外，随着电力行业辅助服务市场和现货市场的进一步发展，长输供热有助于电厂灵活性改造。目前中国火电仍占有一定比例，2021年煤炭消费比重为56%，国家在进一步推进电厂灵活性改造。目前从深度调峰能力、快速爬坡能力和快速启停能力而言，国内的火力发电变负荷能力与丹麦、德国、美国等国家仍存在一定差距，具有改善的空间和潜力。从供热角度出发，电厂的灵活性改造包括以下两方面，第一是通过低压缸零功率供热、旁路供热等方式，在保证电厂供热能力的情况下，进一步提高电厂深度调峰的能力；另外，供热抽汽节流能够在一定程度上影响机组负荷的变化速率，通过供热抽汽的负荷调节，可以提升机组的变负荷速率，另外，结合供热管网，尤其是长输供热管网的蓄热能力，能够在保证提升机组灵活性的同时，尽量减小供热抽汽节流对于供热稳定性的影响。

对于供热系统，一方面，从热用户用热稳定性方面分析抽汽变化对供热的影响。对于普通的供热管网，热网储能可满足一定的调峰需求，在热源温度出现30℃波动的情况下，室温仅变化0.65℃；对于长输供热系统而言，由于长输热网、一级管网、二级管网的存在，热网储能能力更强，同时，热量输送时滞性更长。因此，当首站循环水供水温度出现一定波动时，在一定的时间内，市区侧的用热情况基本不会受到影响，另外，结合时滞时间内的供热调整，基本可以保证热用户的用热稳定。

另外一方面，从机组安全性方面出发分析供热抽汽的影响，考虑汽轮机最大进汽量、低压缸最小凝汽流量或最小冷却流量、锅炉最小蒸发量、最大抽汽流量的安全限制，可以获得机组安全运行区，结合历史数据和实验进行进一步的修正。在机组安全运行区内，将供热抽汽蝶阀作为机组负荷的调节手段，通过供热抽汽量的瞬时调节，提升供热机组的快速变负荷能力。对于 300MW 的机组，通过供热抽汽节流，实际负荷上升速率可以达到 26MW/min，达到额定负荷的 8.6%/min。

机组快速变负荷能力提升能够提高机组的调频响应指标，进一步提升机组的电网辅助考核收益。另外，随着电力现货市场的进一步发展，具备大蓄能特性的长输管网在机组灵活性方面将起到更重要的作用，进一步提高热电联产机组的收益。

对于调频的控制逻辑，主要是在日常多机组优化分配的基础上增加一路切换。稳态工况下采用多机组负荷优化分配的控制逻辑，控制热网加热器出口供水温度稳定，实现供热的自动控制；动态工况下，辅助 AGC 负荷，提高机组动态响应能力，并维持参数稳定。调频调节的关键是获取机组供热抽汽节流特性，建立基于供热抽汽节流系统的非线性模型，计算得出供热 – 负荷增益系数，作为供热抽汽节流控制系统的关键参数。在逻辑上，进一步将调频控制分为 AGC 节流控制和调频节流控制，通过不同的判断条件，判断控制逻辑的执行原则。

4　城镇供热系统储热技术

清洁供暖技术是指通过高效用能系统，利用清洁化燃煤（超低排放）、天然气、电、地热、生物质、太阳能、工业余热、核能等清洁能源，实现建筑低排放、低能耗的供暖技术。

由于可再生能源（如太阳能、风能等）具有波动性和间歇性的特点，无法直接被利用，因此需要对这部分能源通过某种技术进行处理。而储热就是实现这种方式的关键技术之一，储热技术可以平抑可再生能源带来的波动性和间歇性，将可再生能源以热能的方式进行存储，在需要时将这部分热能释放出来，不受限于时间和空间。

储热技术可根据储热材料的不同，分为显热储热、潜热储热和热化学储热。显热储热主要利用储热材料的热容实现，通过储热材料温度的增加和降低实现热量的存储和释放，该技术较为成熟，已被广泛应用，但是显热储热材料的储热密度普遍较低，限制了该技术的高效应用。潜热储热主要是利用储热材料的相变潜热实现，在储热或者释热过程中，储热材料的温度几乎保持恒定，该储热形式储热密度较高，且在储释热过程中温度近乎恒定，利于进行温控，但是相变材料的热导率普遍较低，且成本普遍较高。热化学储热主要是利用可逆的化学反应进行热量的储存和释放，相较于其余两种储热形式，热化学储热的储热密度最高，但是技术成熟度低，目前仅处于实验室研究阶段。显热储热和潜热储热如图4-1所示。

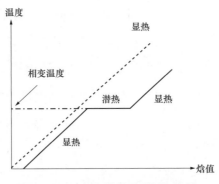

图 4-1　显热储热和潜热储热

4.1　显热储热

4.1.1　水蓄热

水蓄热是最为常规的储热技术，已被广泛应用，包括小到家用的太阳能热水器，大到热电厂调峰专用的大型储水罐系统。由于水价格低廉、比热容大、循环稳定性高、无腐蚀性，几乎是一种完美的储热材料，但是由于水沸点的影响，其工作温度受限，在高温情况下需要对储热系统进行加压，防止超压。

由于市政供热系统的循环工质也是水，因此可以很好地将水蓄热系统与供热系统相结合。主要有以下功能：

（1）可作为热网的备用热源。当热网正常运行时，水蓄热系统可吸收来自热网富裕的热量进行储热，在热量需求较高时进行释热，补充热网缺失的热量，基于此原理，水蓄热系统还可以实现削峰填谷的功能，减少尖峰热电厂的燃料消耗，节约能源，优化系统运行；当热网发生故障时，水蓄热系统可及时向热网补充热量，防止热量不足造成大面积供热不足，导致热用户投诉激增。

（2）保障热网安全。当供热管网发生失水现象时，水蓄热系统可以向供热系统中进行补水，防止因缺水造成的管网失压现象，保障热网安全和热用户供热需求；同时，由于热网中泵发生故障，可能会导致热网中出现水击现象，严重时会导致管道损坏，造成大范围的管网泄漏，影响热网安全稳定运行，而与热网进行直接连接的热水蓄热罐可以容纳水击造成的高压震荡，保障热网安全运行。

（3）与供热管网直接连接的蓄水罐可以为热网定压。蓄水罐内的水位高度不受储释热过程的影响，以释热过程为例，热水从布水器上部开口流出的同时，等体积的冷水会从布水器下部开口流入，因此罐体内的液面高度始终保持不变。当热水蓄热罐与供热管网直接连接的时候，可以保持供水系统静压恒定，从而为热网定压。

（4）提升热电联产效率和经济性。大部分机组在低负荷工况下效率较低，水蓄热系统可基于削峰填谷的原理，保证机组持续高效运行，提升运行的灵活性，减少煤炭消耗量，提升热电联产机组的经济性；同时基于峰谷电价差的政策，热电联产机组可在谷电时期将富余的热量存储于水蓄热系统中，在峰值时期保证发电机组的负荷，进一步提升热电联产机组的经济性和安全性。

下面介绍水蓄热系统和供热管网的结合方式。

（1）直接连接。该种方式将蓄水罐直接连入热网系统，蓄水罐的水和供热系统中的水是共用的，如图 4-2 所示。该系统由于不需要复杂的管网和系统布置，因此成本较低，且运行简单，方便操作，同时可为热网实现补水和定压，可保障热网的安全运行。

（2）间接连接。该种方式将蓄水罐通过换热器与热网系统进行换热，蓄水罐中的水不与热网系统中的循环水接触，如图 4-3 所示。该种方式较直接连接模式相比更为

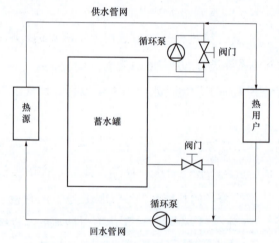

图 4-2　蓄水罐与供热系统直接连接

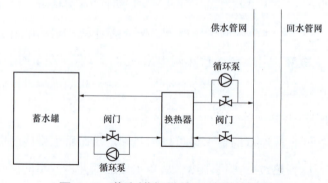

图 4-3　蓄水罐与供热系统间接连接

复杂，运行也较为复杂，因此投资成本较高，且无法实现补水和定压的功能，不能很好地辅助热网运行。

4.1.2 电锅炉

高电压固体电蓄热设备是以固体为储热介质的一种大功率新型热源，其主要组成部件为高压电发热体、热交换器、蓄能体。该设备可以直接在66kV（35kV）电压等级下工作。其工作原理为：在电网低谷时间段或风力发电的弃风电时段，高压电发热体将电能转换为热能，并且向高温蓄能体放热，当高温蓄热体的温度达到设定的上限温度或电网低谷时段结束或风力发电弃风电时段结束时，停止储能过程。高温热交换器则可以将高温蓄热体储存的高温热能转换为热水、热风或蒸汽输出。

以呼伦贝尔市华能海拉尔热电厂蓄热锅炉为例。

设备总输入功率为200MW，储能功率为195.608MW，设备最大换热功率为229.32MW，设备热水输出功率为227.02MW。在考虑热转换率99.8%、换热效率98%、本体热损2%和设备间管道热损失1%之后，在设备总输入功率稳定在200MW时，设备总输出功率即为189.78MW，即设备运行效率在95%左右。

电蓄热调峰锅炉蓄热能力为200MW×4h，本次设计下限炉温，即电蓄热调峰锅炉可参与供热的炉温为200℃，电蓄热调峰锅炉温升42.857℃/h，加热4小时电蓄热调峰锅炉炉内温度达到设计上限炉温500℃，此时即为电蓄热调峰锅炉最大蓄热能力200MW×4h。

4.1.3 熔融盐储热

大部分储热材料，比如水、石子、导热油等，只能在中低温的工况下使用，在高温环境下易发生裂解、超压等问题；但是实际应用中存在光热电站、发电厂等高温工况，此时传统的储热材料便不再适用。

熔融盐是一种较优的高温储热材料，通常是指在特定温度下融化成液态的无机盐物质进行储热的材料。

熔盐储热系统可以充分利用风、光、地热等清洁能源实现清洁供热，同时可利用廉价的谷电进行调峰，在削弱能源系统对化石燃料强依赖性的同时，保证供热系统的安全性和经济性；同时熔融盐储热还可为工业企业提供稳定、高品质的热量。

1. 熔融盐材料

目前研究学者已研发了上千种熔融盐材料，在熔融盐材料的选择上，主要遵循以下几点：

（1）价格低廉；

（2）稳定性强，不易在高温环境中失效；

（3）储热密度高，热导率高，液相黏度低；

（4）蒸气压低；

（5）腐蚀性小。

而常用的熔融盐主要包含以下几类。

（1）碳酸盐。碳酸盐是指含碳酸根（CO_3^{2-}）的熔融盐，其优点为储热密度高、腐蚀性小，缺点为黏度大、易发生高温分解，常见的碳酸盐有碳酸钠、碳酸钾等。

（2）氟化盐。碳酸盐是指含氟根（F^-）的熔融盐，其优点为熔点高，储热密度高，黏度低，熔点高，缺点为热导率低、体积收缩率大。

（3）氯化盐。氯化盐是指含氯根（Cl^-）的熔融盐，其优点为价格低廉、种类较多、黏度低、比热容大、热导率大、稳定性好，缺点为腐蚀性较强。

（4）硝酸盐。硝酸盐是指含（NO_3^-）硝酸根的熔融盐，是在太阳能发电中应用最为广泛的熔融盐，其优点为价格低、腐蚀性小，缺点为热导率低、易发生局部过热。

综上所述，单一成分的熔融盐均存在若干问题，因此研究学者将目光放在复合盐的制备上，目的是将多元熔盐共混制得高熔点、热稳定性好的盐，同时寻找合适的材料对已有熔融盐储热材料进行改性以提高其导热性能及其储能密度。

2. 熔融盐储热案例分析

河北省辛集市崇阳小区"蓄热式"熔盐储能绿色供热项目于 2016 年年底建成，总投资 1700 万元，供热面积最高可达 13.3 万 m^2，使用了 450t 的熔融盐，熔盐蓄热罐直径 8m，高 4.5m，蓄热容量为蓄热容量 37MW·h，相当于一台 1310 t/h 锅炉的供热面积，据统计每年可减排二氧化碳 3537t、粉尘 131t、二氧化硫 11.1t、氮氧化物 9.67t。

河北临城建成的谷电加热熔盐蓄热供热示范工程于 2017 年 12 月投入使用，供热面积为 18000m^2，使用了 200t 的熔融盐，熔盐蓄热罐直径 5m，高 3.4m，蓄热容量为 20MW·h，工作温度为 200～500℃，经投用测试，供水温度达到了 70℃以上，用户室内温度能够稳定维持在 19～24℃，达到了国家规定的供暖要求（18℃以上）。

北京热力集团"熔盐蓄热产业化推广供热供冷研究与示范"项目，总投资 669 万元，储热量高达 60GJ，采用了新型 LMP 熔盐，其熔点更低，储热密度更大，工作温区广，据有关资料统计，本示范项目年节约标煤量 852t，年二氧化碳减排量 2130t，年二氧化硫减排量 27t，年氮氧化物减排量 12t，年烟尘减排量 18t。

绍兴柯桥熔盐发电、储热供汽项目于2022年投入使用，使用了7500t的熔融盐，蒸汽参数为3MPa，257℃。据统计，该项目每年可发电6370万kW·h，年供蒸汽量84万t，年可节约标准煤15.5万t，减排二氧化碳约29万t。

4.1.4　跨季节储热

《"十四五"新型储能发展实施方案》指出：针对新能源消纳和系统调峰问题，推动大容量、中长时间尺度储能技术示范，重点试点示范高效储热等日到周、周到季时间尺度储能技术。由此可见，作为一种长尺度的储能技术，跨季节储热的重要性日益突出。在某些地区，热量需求存在季节性波动，尤其是北方地区，在夏季时，环境热量供给充足，热量需求较低，在冬季时，热量需求较高，但是环境热量供给欠缺，而储热可以解决时间上热量供需不匹配的问题。

为了实现季节性的储热和释热，储热材料需要选择量大价低的物体，土壤、水、岩石等是较为适合用于跨季节储热的储热材料，而为了放置体积较大的储热材料，其储热地点一般置于地下。地下储热成熟度较高，且应用较为广泛。

跨季节储热的热源通常来自太阳能。太阳能资源丰富，分布广泛，而且区别于风能等可再生能源，太阳能的热量是可以不经转化直接被利用的，可与储热技术较好地耦合起来。太阳能跨季节储热供热技术有两大优势：一是可在无日照情况下连续采暖，供热系统太阳能保证率高；二是解决了冬季采暖用的太阳能集热器在非采暖季闲置的问题。

1. 地埋管储热

地埋管储热（BTES），是通过在地下铺设管道进行储热的一种方式，储热介质为土或岩石，换热流体一般为水。其工作原理是，换热流体从热源处（地上）吸收热量，通过管道流入地下，将热量释放给储热材料（土壤或岩石），随后返回热源处进行下一轮储释热循环。

地埋管储热示意图见图4-4。为了降低表面散热，通常在地表或者系统顶部铺设保温层。地埋管由若干个地埋管回路组成，每个地埋管回路铺设若干地埋管，地埋管的形状通常为单U形或双U形，换热流体与土壤通过地埋管换热器进行换热，地埋管深度通常为30~100m，埋管间距一般为2.5~5m。

对于地埋管储热系统，由于需要钻孔，且在深层地表铺设数量较多的管道，因此建设成本较高；但是运行成本低，储热体易于扩展，且几乎不受地质条件的影响。

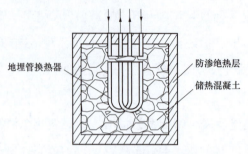

图 4-4　地埋管储热图片

2. 水体型储热

水体型储热是指将热量通过显热存储于水中的一种储热形式。储热水体放置于地下，因此需要做好防渗、保温等措施以保证系统高效、稳定运行。由于液态水的温度越低，密度越大，因此低温水分布在底层，高温水分布在高层。为了保障储热水体的土力学稳定性，储热水体的形状一般为倒梯形。

在非供暖季，从储热水体中从底层抽取低温水进入太阳能集热场，在集热场充分吸热后返回至储热水体的高层；在供暖季，当热用户需要储热水体中的热量时，从储热水体高层抽取高温水循环至热用户处，经过充分放热后再返回至储热水体底部。

由于水体温度差和密度差、散热的存在，储热水体中会出现明显的温度分层现象，而温度分层会影响储热水体的储释热性能。因此温度分层稳定是系统低成本稳定运行的关键，也是末端温度稳定供给的重要前提，目前该技术的难点包括水体温度分层机理、设计合理的水体形状、构建高热阻的保温层、设计合理的分层器、合理的充 / 取热位置等。水体型跨季节太阳能储热如图 4-5 所示。

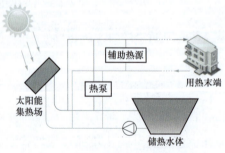

图 4-5　水体型跨季节太阳能储热

4.2　潜热储热

潜热储热具有储热密度高，相变潜热大等优点，可显著降低储热系统尺寸，是极具前景的储热方式。

将潜热储热应用于供热系统，可减少储热罐的容积，实现空间的最大化利用；同时由于潜热储热在储热过程中温度恒定这一得天独厚的优势，在源侧负荷波动的情况下，可用于稳定末端温度，这是其他储热方式都无法实现的，因此潜热储热在供热系统中有较好的应用前景。

4.2.1 潜热储热材料

储热材料的相变温度决定了该种材料所适用的温域，储热密度决定了该种材料的储热能力，因此储热材料的选择是开展潜热储热技术的第一步。

根据相变温度，储热材料可分为低温相变材料（<100℃）、中温相变材料（100~300℃）和高温相变材料（>300℃）。低温相变材料主要由有机材料组成，包括石蜡、脂肪酸等，而中高温相变材料主要由无机材料组成，包括无机盐、金属等。目前市面上已存在多种相变材料，在相变材料的选择上，遵循以下几点：

（1）相变潜热高，热导率高；

（2）价格低廉；

（3）相变温度合适；

（4）高循环可用性；

（5）腐蚀性低，热稳定性好；

（6）无相分离和过冷现象。

表4-1中给出了常用的潜热储热材料的物性信息。

表 4-1 相变材料信息表

相变材料	相变温度（℃）	相变焓（kJ/kg）	热导率（W/mK）	密度（kg/m³）
无机物				
$CaCl_2 \cdot 6H_2O$	29	190.8	0.540（液相） 1.088（固相）	1562（液相） 1802（固相）
$Ba(OH)_2 \cdot 8H_2O$	48	265.7	0.653（液相） 1.225（固相）	1937（液相） 2070（固相）
$Mg(NO_3)_2 \cdot 6H_2O$	89	162.8	0.490（液相） 0.611（固相）	1550（液相） 1636（固相）
$MgCl_2 \cdot 6H_2O$	117	168.6	0.570（液相） 0.694（固相）	1450（液相） 1569（固相）

相变材料	相变温度 （℃）	相变焓 （kJ/kg）	热导率 （W/mK）	密度 （kg/m³）
有机物				
石蜡	64	173.6	0.167（液相） 0.346（固相）	790（液相） 916（固相）
聚二乙醇	22	127.2	0.189（液相） —	1126（液相） 1232（固相）
脂肪酸				
棕榈酸	64	185.4	0.162（液相） —	850（液相） 989（固相）
癸酸	32	152.7	0.153（液相） —	878（液相） 1004（固相）
辛酸	16	148.5	0.149（液相） —	901（液相） 981（固相）
芳烃				
萘	80	147.7	0.132（液相） 0.341（固相）	976（液相） 1145（固相）

但是，相变材料存在相分离的问题。如水合盐材料在结晶过程中会出现固液分层现象，在储热过程中，若盐的溶解度低，则会有部分未溶解的盐沉到储热容器的底部，当储热循环结束后，固态盐会沉积在底部，中间为结晶水合盐层，上层为饱和溶液层，形成分层现象，即相分离；且随着储释热循环次数的增加，相分离现象会越来越严重，以致最后失去潜热储热的能力。

同时相变材料还存在过冷问题。根据结晶动力学原理，过饱和或过冷是结晶过程的推动力，过冷提供离子在溶液和界面扩散以及晶体生长晶面扩大时所需能量，这是使得水合盐具有过冷的特点，过冷使得相变材料在储释热过程中无法按照特定的温度凝固，影响正常的储释热循环。

常用的解决相变材料相分离和过冷现象的方法有：加入成核剂和防相分离剂、微胶囊封装、摇晃或搅动等。

4.2.2 潜热储热强化方式

相变材料的热导率普遍较低，这会导致在储释热过程中温度分布不均，局部温度过高或者过低，影响系统的储能效果，所以潜热储热系统一般配置了强化技术，以提高储释热性能。以下介绍几种主流的强化措施：

（1）添加高热导率的材料。通过在相变材料中添加高热导率材料，增加整体材料的导热性能，高热导率材料包括金属、膨胀石墨、碳纤维等。但是这类材料的储热密度普遍较低，添加后会影响整体系统的储热密度，因此在选用该种方法时，需要事先确定合适的添加比例。

（2）增加换热面积。通过增加相变材料和换热器之间的换热面积，可提升换热系数，弥补相变材料热导率低的缺点。增加翅片是一种常用的增加换热面积的方法，但是对于恒定的空间，翅片的增加会引起相变材料的减少，从而降低系统的储热密度。因此在选用该种方法时，需要考虑合理的换热面积增加量。

（3）胶囊封装。胶囊封装是指通过某种容器或技术，将材料封闭在固定的空间中，避免材料与外界直接接触，提高了材料的稳定性和导热能力。目前微胶囊合成方法主要包括乳液聚合法、界面聚合法、原位聚合法和类悬浮聚合法等。

（4）梯级储热技术。梯级储热是指在一个储热系统中配置多种相变材料的技术。

在潜热储热的储释热过程中，换热效果受相变点和换热流体温度差值的影响，温差越大，换热效果越好。对于单一相变材料的储热系统，在储热阶段，换热流体的温度在流动方向上递减，导致换热流体和相变材料的温差减小，影响换热效能。如果在换热流体流动方向上设置相变点依次递减的储热材料，尽管在储热阶段，换热流体的温度递减，但是此时相变材料的相变点也在递减，保证了换热流体和相变材料之间的温差，提升了系统的换热性能。

（5）热管。热管作为一种高效的传热器件，可以实现较小的温度梯度，使用灵活，结构简单，易于控制，能够有效地提高储热系统的储释热能力，弥补相变材料热导率低的缺点。其工作原理为：在热管中充注了特定的循环工质（如，制冷剂），当其在蒸发段受热变成汽相后，在浮升力的作用下流到冷凝端，遇冷凝结成液相后，在毛细力（或者重力）的作用下回流至蒸发段，完成一个受热循环。由于热管内涉及两相换热，换热系数高，可以提升相变储热系统的储释热能力。

4.3 化学储热

相较于显热储热和潜热储热，热化学储热仍处于实验室研究阶段，因安全性、经济性等问题，还未实现大规模的工业化应用，但是由于其高储热密度、低热损失、长储热周期等特点，是一种极具潜力的储热技术。根据化学反应形式的不同，热化学储热分为热化学反应储热和热化学吸附储热。

4.3.1 热化学反应储热

目前，典型的热化学储热体系根据反应物的不同进行分类，见表4-2。

表 4-2 热化学反应储热

热化学反应储热	反应式	储热密度	反应温度（℃）
氨分解	$2NH_3 \rightleftharpoons N_2+3H_2$	67kJ/mol	400～700
甲烷重整	$CH_4+CO_2 \rightleftharpoons 2CO+2H_2$	247kJ/mol	700～860
	$CH_4+H_2O \rightleftharpoons CO+3H_2$	250kJ/mol	600～950
金属碳酸盐	$CaCO_3 \rightleftharpoons CaO+CO_2$	692kW·h/m³	700～1000
金属氢氧化物	$Ca(OH)_2 \rightleftharpoons CaO+H_2O$	437kW·h/m³	350～900
	$Mg(OH)_2 \rightleftharpoons MgO+H_2O$	388kW·h/m³	100～300
金属氧化物（氧化还原）	$2BaO_2 \rightleftharpoons 2BaO+O_2$	328kW·h/m³	690～900
	$2Co_3O_4 \rightleftharpoons 6CoO+O_2$	295kW·h/m³	700～950
金属氢化物	$MgH2 \rightleftharpoons Mg+H_2$	580kW·h/m³	250～500

氨分解主要通过氨合成和分解反应进行储释热，可逆程度较高；但是氨合成反应通常需要高压条件，因此在储热过程中需要对储热罐进行加压（10～30 MPa），对储热罐的材料有较高的要求，增加了储热系统的设计成本。

甲烷重整通过甲烷与二氧化碳或水反应进行储释热，在储热过程中需要较高温度，可逆性较差。

金属碳酸盐通过与二氧化碳的分解与合成进行储释热，反应温度较高，储热材料包括$CaCO_3$、$MgCO_3$和$PbCO_3$等，该种体系储热密度较高，但是分解反应动力学较慢，且分解反应存在一定的不可逆性。可通过使用添加剂制备复合材料改善该种储热材料的循环稳定性。

金属氢氧化物主要通过$Ca(OH)_2$和$Mg(OH)_2$等金属氢氧化物与水的分解与合成进行储释热，其中$Ca(OH)_2$储热密度高，且成本较低，但是存在材料烧结、团聚和导热性差等问题。

金属氧化物通过氧化还原反应进行储释热。在储热过程中，材料发生释氧反应并吸收热量，在释热过程中，储热材料被空气氧化释放大量热量。该体系适用的温度范围较广，可满足高温储热的需求，储热密度较高。同时该种储热体系可直接利用氧气进行反应，无需换热器和储气罐，降低了系统的总体热损失。

金属氢化物通过与氢气的分解与合成进行储释热，反应温度低储热密度较高，目前适用于该种体系的储热材料种类较少。

4.3.2 热化学吸附储热

热化学吸附储热是通过吸附质在解吸和吸附中发生的热效应进行储热和释热的技术。按吸附质的工作状态，可分为开式系统和闭式系统。开式系统直接与环境进行热交换，在常压下工作，结构较为简单，投资成本较低，但是需要风机和加湿系统持续工作，系统能耗高；闭式系统工作温度较高，储释热性能较好，但是需要蒸发器和冷凝器，系统较为复杂。热化学吸附储热如图 4-6 所示。

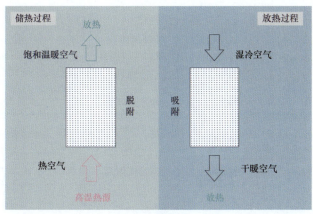

(a) 开式系统

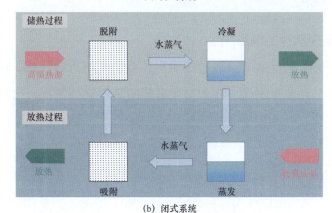

(b) 闭式系统

图 4-6　热化学吸附储热

经过针对热化学吸附储热的大量研究，发现水合盐储热密度高，储释热温度适宜且成本较低，是一种较优的热化学吸附储热材料。但是在使用过程中存在潮解、动力学性能差等问题，采用多孔材料作为载体与水合盐复合的方式制备的复合材料可有效地改善纯水合盐的潮解和动力学问题，储热性能同比得到较大提升。

常用的水合盐材料信息见表 4–3。

表 4–3　　　　　　　　　热化学吸附反应储热材料

储热材料	储能密度 （GJ/m³）	释 / 储热温度 （℃）	优势	劣势
$SrBr_2$	2.38	35/80	储热密度高， 可逆性好	释热条件对温度、压力要求较高，成本高
$MgSO_4$	2.37	60/130	储热密度高， 不易潮解	动力学性能差
$CaCl_2$	2.01	80/180	成本低	易潮解
$MgCl_2$	2.3	35/127	储热密度高， 成本低，循环 性能好	易潮解
Na_2S	2.79	66/82	储热密度高	腐蚀性强
$LaCl_3$	2.2	60/110	储热密度高， 循环性好	释热条件对温度要求高
$LiCl$	2.22	17/72	储热密度高	成本高，易潮解

4.4　末端储热

4.4.1　用于建筑物的储热技术

在中国，有 30% 的能耗来自各种建筑物，而北方城市的供热能耗占据了城市建筑物总能耗的 40%，城市供热主要来自热电厂的集中供热系统，化石能源的使用提升了碳排放的总量。因此需要寻找降低建筑物碳排放，提升可再生能源使用占比的方法。

由于相变储热在储释热过程中可保持温度近乎恒定，可稳定末端温度，避免因源侧负荷波动造成的室内温度波动；同时储热密度相对较高，可使用小体积的储热系统满足整个建筑物的储释热需求。

（1）被动储热系统。该种储热系统是指将储热材料应用至建筑材料（如建筑砖、石头和混凝土）之中，不依赖于外界的循环动力，只依赖建筑物墙体本身的特性进行储热和释热。

目前常用的被动技术为通过围护结构降低热量或冷量损失。建筑物的运行能耗主要取决于围护结构设计，与普通建筑围护结构相对比，集成相变材料围护结构墙体因其热容大可储存较多的热量，可对高温时间段进行"削峰"处理，延缓墙体外表面的温度上升，有效减少环境温度对空调系统造成的能耗。

（2）主动储热系统。主动储热系统包括电加热 – 储热耦合系统、太阳能加热 – 储热耦合系统、供热通风与空气调节等，主要通过外界能量输入来实现热量的存储与供给。

4.4.2　零碳建筑

零碳建筑指采用综合建筑设计方法，不消耗煤炭、电力、石油等传统能源和不损失绿化面积的建筑，以最大化地实现零碳城市。零碳建筑不仅利用各种手段减少自身产生的污染，还将废物合理利用，使用环保清洁的能源，以降低二氧化碳排放，最终达到"零废水、零能耗、零废弃物"的理想状态。

世界上第一个零碳建筑是在英国建设的伦敦贝丁顿零碳社区，小区有 82 套联体住宅和 1600m^2 的工作场地，该建筑强调对可再生能源、污水、空气等的循环利用，满足人们日常所需，且不对外释放二氧化碳。中国的第一个零碳建筑是上海世博会零碳馆，占地 2500m^2，该建筑通过利用太阳能、风能等可再生能源，并且还取用黄浦江水，利用水源热泵技术进行供热供冷。

根据《2022 中国城乡建设领域碳排放系列研究报告》，2020 年全国建筑运行碳排放总量为 21.6 亿 t 二氧化碳，占全国碳排放的比重为 21.7%。由此可见，我国建筑能耗巨大，因此降低建筑物的能耗和碳排放是重中之重，其最终目的即为实现零碳建筑，而零碳建筑需要高效率、低成本的储热技术作为支撑。

为了实现零碳目标，可再生能源的利用是关键，而为了平抑可再生能源的波动性，储热系统是关键环节之一。储热技术在低碳建筑当中能够发挥比较大的作用，即通过储热作为中介把对热源的需求与供热很好地协调起来，解决热源与供热需求之间的矛盾，提升整个供热、供冷系统的经济性和适用性。

为了实现建筑物内高效的供冷和供热，储热系统必不可少。图 4-7 是一个典型的零碳建筑架构图。该系统主要由光伏阵列、氢储能系统（电解槽、储氢、燃料电池）、制储热系统（地源热泵、储热）、制储冷系统（电制冷机、吸收式制冷机、储冷）、蓄电池、燃料电池汽车（氢负荷）和电动汽车构成。光伏作为该系统的唯一能量输入，提供电 – 氢 – 热 – 冷负荷的全部能量供应，太阳能的波动性和间歇性由各类储能系统

低碳智慧供热工程技术

进行平抑，储能系统可以在能量充裕时进行储能，在能量不足时进行释放，从而维持系统长期的稳定功能。

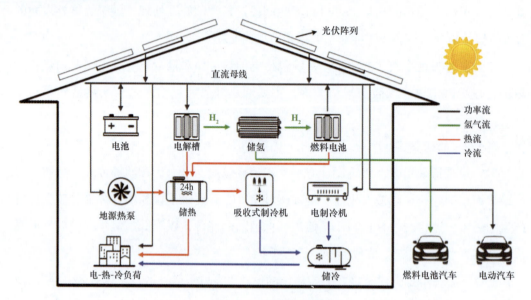

图 4-7　零碳建筑

5 消纳可再生能源的新型供热系统技术

5.1 热电互补新型集中式供热系统

电力能源作为重要的二次能源，具有安全、清洁、便捷等优势。实施电能替代在推进能源生产和消费革命、构建现代能源体系中具有重要意义，是实现可再生能源消纳、减少煤炭消耗、减轻大气污染的重要手段。为加快实现北方城市清洁供暖，2017年，国家能源局等十部委发布了《北方地区冬季清洁取暖规划（2017~2021年）》，提出了"因地制宜利用各种清洁能源，宜气则气，宜电则电"的供暖原则，并指出要加快推进"煤改气"和"煤改电"相关政策的落实工作。其中"煤改电"因其便利、安全、高效、可复制和易推广等优点赢得了更多的青睐。现阶段，"煤改电"正逐步成为北方城市清洁取暖的主流形式。热能和电能是能源系统中最主要的两种能量形式，电能难存储、易运输、响应迅速和热能易存储、传输难、高延迟、高惯性的物理特性具有天然的互补优势。实施电供暖，可以很好地实现电能和热能协调互补，提高能源利用率，减少能源消耗，同时电替代供暖还可以增加可再生能源发电消纳量，减少能源浪费。

此前，我国电替代供暖多为电单独供暖模式，即管网采用单独建设，和原有城镇集中供暖系统没有联系，采用不同电热设备来替代分散燃煤供暖设施。这种场景下的电替代供暖规模通常较小，比较适用于城镇集中供暖难以覆盖到的郊区、农村地区，难以实现大规模推广应用。在少数采用电供暖与热电厂互补供暖的场景中，多是将电供暖设备集中配置于源侧，作为一种改善机组热电特性的手段，忽略了供暖管网热力学特性对系统性能的影响，仍没有改变城市集中供暖系统规模庞大、热源单一、热量损失严重、灵活性调节能力不足的问题。自世界能源危机之后，集中供暖系统快速发展。同时，大规模可再生能源的接入为供暖系统源侧带来的多元化和不确定性，以及系统规模的不断扩大，导致需求侧的波动性和网侧的复杂性快速增加。此外，热泵、电锅炉、电蓄热等多种电供暖技术在供暖系统中的应用不断增加。这些因素都给大规模集中供暖系统的规划设计提出了诸多新问题和新挑战。因此，探索高效的电热互补供暖模式，促进可再生能源消纳，减少碳排放，已经成为集中供暖系统的研究重点。国内外学者在这方面做了大量的工作，研究重点主要包括电供暖技术、电热互补供暖技术及其优化配置等。

5.1.1 电供暖技术

2016 年，国家发展和改革委员会、能源局、财政局等多个部门联合发布文件《关于推进电能替代的指导意见》（以下简称为《意见》）。《意见》指出，电能替代是指在终端能源消费环节，利用清洁、安全高效的电能替代石油、煤炭等传统一次能源，实现传统能源的集中转换，减少污染物排放。文件一经发布，各地省市政府及电力能源公司积极响应，国家电网有限公司更是制定了"以电代煤、以电代油，电从远方来，来的是清洁电"的发展战略。据统计，仅 2018 年一年时间，我国就完成电能替代量 1557.65 亿 kW·h，相当于减少了 6292.90 万 t 标准煤，实现了二氧化碳减排 1.56 亿 t，二氧化硫、氮氧化物及粉尘共减排 582.78 万 t。根据我国经济社会发展程度估算，我国理论替代电力可达 4.6 万亿 kW·h，技术替代电力可达 2.4 万亿 kW·h。

现阶段，电能替代主要集中于居民供暖、生产制造、交通运输、电力供应与消费、工农业生产等五大领域。电能对本地零排放的特点，使电能往往被当作清洁能源来使用，利用电能进行供暖已经成为解决城市供暖污染的重要手段之一，发展电供暖已成为我国北方地区冬季取暖的趋势之一。从电供暖应用场景来看，电供暖模式主要包括以下内容：一是在集中供暖覆盖不到的郊区或农村地区，实施以电代煤政策，采用电能供暖替代原有散煤供暖，减少碳排放，降低环境污染；二是在新能源富裕地区，实施"谷储峰供"政策，即采用用电低谷期蓄热、用电高峰期放热的运行模式，增加可再生能源消纳量，减少弃风、弃光现象。从电供暖设备方面来看，电供暖是一种将清洁的电能转化成热能直接放热或间接通过热媒介质在采暖管道中循环放热来满足居民供暖需求的采暖方式，主要分为两类：一类是电能直接供暖，包括电锅炉等集中式供暖设施以及发热电缆、电热膜、蓄热电暖气等分散式供暖设施，还包括最近兴起的电磁能供暖、石墨烯供暖、量子能供暖等；另一类是电驱动热泵供暖，以电能作为驱动力，从低温热源提取数倍于所消耗电能的热量，主要包括空气源热泵、海（河）水源热泵、污水源热泵、浅层地源热泵、深层地源热泵等。

其中，不同电供暖设备的运行特性及运行中电供暖参数给系统性能带来的不确定性问题，一直是电供暖技术的研究重点之一。Simon 等针对实际运行过程中因环境不同导致地源热泵效率与制造商给出数据不一致的问题，详细研究了影响地源热泵性能的相关因素，并提出了一种基于制造商数据的多元回归模型预测地源热泵性能的方法。Chua 等通过回顾提高热泵性能的各种方法和适用于各种热源的主要混合式热泵系统，指出热泵作为多种能量回收系统中的关键部件，具有巨大的节能潜力。William 等则是在 1974 年就已经对比分析了电蒸汽锅炉、电热水锅炉及电阻式锅炉等不同电锅炉的性能和运行参数，并指出电锅炉供暖因其结构和附件的简单性，相比于其他供暖方式，具有较低的维护成本。刘锦等针对传统固体蓄热电锅炉运行费用高和占地面积大的问题，研究设计了一种直流式新型固体蓄热电锅炉，在减少其设计体积的同时保证换热量和运行功率不变，具有更好的实用性。Akhtari 等不再仅仅局限于对单一电供暖设备进行分析研究，而是将电锅炉、地源热泵、空气源热泵等多种电加热设备集成在一起进行了性能分析和技术经济性评估。Nielsen 等采用一种基于两阶段随机规划的新型运行策略，通过模拟热泵和电锅炉的日常市场表现，对其经济价值进行了评估。王维等设计了一种蓄热电锅炉和水源热泵联合供暖系统，对多种输出功率下锅炉和热泵组合方案的经济效益和环境效益进行了对比分析。陈尔建等对热泵技术的发展历程做了综述和展望，指出未来可以结合建筑特性进一步提高功能多样性，实现太阳能热泵制热系统的规模化应用。李晓晨等分析了边缘计算在电锅炉控制系统中的发展，并进一步开发了相关的控制模块，借助边缘控制设备和阿里云的互联互通完善了边缘计算在电锅炉系统控制中的应用。

电供暖可以增加可再生能源发电消纳量，减少能源浪费。然而，实际运行经验表明，纯粹的电供暖项目并不节能。同时，大规模电供暖设备的运行容易造成负荷集中，极易产生高峰负荷，严重影响电网的安全稳定运行。为此国内外科研工作者做了大量的研究，希望改善电供暖对电网的冲击问题和节能问题，提高大规模电供暖技术的可行性。一方面，有研究者将电供暖作为一种典型的热储能设备参与需求调度。如范帅等提出了一种智能电供暖网络架构，并建立了以用户舒适度作为目标函数的两段式优化运行模型，实现了降低负荷尖峰和减少运行成本的目的。Zhang 等针对大规模电供暖负荷开发了一个高度精确的聚集模型，并基于该模型设计了一种新的负荷群体聚合控制策略，所提出的方法可以有效地管理大量电供暖设备，以提供各种需求响应服务。邓宇鑫等同样从需求侧的用户响应行为出发，考虑设备故障和用户主动退出两种不同的情景，利用直接负荷控制手段（DLC）建立了一种 DLC 优化调度模型，得到了不同用户响应行为下的电供暖最优运行策略。郭占伍等和黄亚峰等均考虑了天气因素对电供暖负荷的影响，分别建立了有效的电供暖负荷预测模型，为电供暖负荷参与电网负荷调节提供了重要的参考依据。Lu 等在考虑热负荷供需平衡的情况下，建立了各供暖单元的等效热参数模型，并基于室外温度预测结果，根据建模供暖单元的平均负荷估计各区域电功率输出，对各区域机组的供能和调节能力进行了评估。Shao 等则基于建筑围护结构的蓄热特性和人体舒适度指标，给出了电供暖装置在不同需求下的运行模式。另一方面，有研究者从各地特色资源出发，提出了将新能源消纳与电供暖相结合的供暖方式。如吕泉等考虑我国部分地区的"弃风"问题，提出了采用风电供暖的方法，在提升可再生能源电力系统消纳能力的同时减少了电供暖运行过程中常规纯凝机组电力的使用。齐振宇等同样从系统多能互补的角度出发，提出了一种可用于园区供暖的由电网、风电场、电锅炉、储热水箱、燃气锅炉组成的联合系统。Pu 等分别从供给侧和需求侧两方面阐述了夜间电供暖价格计算机制及其环境效益，并进一步考虑电供暖的经济和环境特点，形成了需求侧电价上限计算模型、供给侧电价下限计算模型和环境效益分析模型，为风电夜间供暖优化提供了模型支撑。Shui 等充分考虑风电功率的不确定性，提出了一种基于数据驱动的两阶段分布式鲁棒调度方法，并通过列和约束生成算法进行求解，最后结合具体算例分析后得出：相比于随机优化，该优化方法具有更好的鲁棒性和适用性。Pirmohamadi 等通过建立高效的太阳能热系统模型，以能耗和二氧化碳排放量为优化目标，创新地提出了一种用于建筑供暖系统的能源优化算法，并用实际案例验证了算法的可行性和优越性。Hemmati 等将电价和风力发电量变化作为随机变量，碳排放和运行成本作为优化目标，提出了一种考虑需求侧响应的系统优化调度模型，并指出可采用约束技术求解该多目标优化问题。

5.1.2　电热互补供暖技术

电热互补供暖系统是指在原有热电厂集中供暖系统的供暖区域内配置电供暖设备，采用电供暖设备来承担原有热源的部分热负荷，从而改善热电厂的热电特性，缓解"热电冲突"的问题。该系统可以充分发挥电替代供暖增加可再生能源消纳量、降低污染物排放的积极作用，是实现能源转型和清洁供暖的重要举措。在传统的集中供暖系统中，热力系统和电力系统是两个相对独立的能源系统，同时系统多采用以热定电的运行方式，往往只需要对热力系统进行分析。但是，在电热互补供暖系统中，热力系统和电力系统紧密耦合，需要对热力系统和电力系统进行联合分析。

1. 电热互补供暖系统建模仿真

系统模型是开展系统研究的基础，合理、科学的模型可以保证系统规划设计和运行调度的准确性。电热互补供暖系统主要包含电力系统和热力系统两个子系统，根据研究的侧重点不同，在仿真建模研究中，系统建模仿真方法也会存在一定的差异，但最终目的都是为了快速、精准地确定系统的运行参数和负荷分布。目前，针对电热互补供暖系统的建模研究主要集中于电能和热能的能流耦合转换方面。Geidl 等提出的能源集线器（EH）模型是目前应用最广的热电耦合系统内部多能流耦合转换设备理论数学模型，该模型认为包括多个能源转换装置和多种能源形式的多能流系统，可以通过矩阵来描述能流输入与输出之间的关系。Wasilewski 等利用图论和网络理论构建了一种新的稳态建模方法，克服了传统 EH 模型的一些局限性，并通过选定的能源运行场景和示范性能源枢纽结构的稳态计算，验证了模型的正确性。Palensky 等利用特征测试模型，对比分析了基于连续时间和离散时间两种不同热电耦合系统建模仿真方法的可拓展性和适用性。在国内，马腾飞等和陈丽萍等均在能源集线器模型的基础上，开发出了针对不同应用场景的能源集线器建模结构，并对建模方法的实用性和科学性进行了验证。陈皓勇等在对国内外热电耦合系统建模研究综述之后，指出热电耦合系统复杂的能流耦合转换和储能单元模型的构建需要借鉴非线性电路的分析方法。

随着热电耦合系统规模不断扩大、系统内部能流耦合逐渐复杂、工程精度要求不断提高，只考虑静态能源耦合的模型已经无法满足要求。对于热电耦合系统的研究，在原来能源集线器建模仿真的基础上，开始逐渐考虑电能和热能的能量传输特性。基于传热学、流体力学、数字电路、模拟电路等学科知识，供热网络和电能网络都已经分别形成了较成熟的潮流建模方法，但基于换热部件非线性特性的热网建模与电力网络的分析方法迥异，使得实现电网和热网的统一建模和耦合仿真非常困难，近年来国内外学者在这方面做了大量研究。Quelhas 等通过网络潮流建模仿真方法，采用制定不同能源子系统仿真时间和仿真步长的方法，保证了热电耦合系统的稳定性。Jiang 等针对一种综合利用风能、太阳能、天然气和电能的区域热电耦合系统，基于电力能源利用的角度建立了该系统模型，并进行了实际案例验证。Hao 等受电磁暂态分析方法的启发，建立了一种热电模拟暂态模型。陈彬彬等基于比拟理论将热力方程比拟成电力方程，并通过二端口等值和傅里叶变换的方法将动态模型降维成稳态模型进行计算，提出了一种"统一建模理论"，提高了计算性能。裴月猛等则是基于 APROS 热电动态仿真软件，构建了涵盖电、热、冷的热电耦合系统，并利用最小二乘支持向量机实现了基于数据驱动的热泵仿真建模。金齐等综合考虑电能网络和热力网络的共性，通过建立与电能网络相匹配的热力网络潮流模型，完成了热电耦合系统的建模仿真。吴晨雨等通过对热网热惯性和建筑蓄热性能进行分析，建立了考虑供热系统热力学特性的热电耦合系统模型。

2. 电热互补供暖系统优化配置

系统设备配置是决定一个系统安全可靠、经济运行的基础，科学的配置方案可以保证系统运行时的可靠性、灵活性以及后期规模扩大时的可拓展性。为了提高系统能效，需要建立合理评估体系指导热电耦合系统的规划设计。Afgan 等采用经济指标、环境指标和社会指标作为评价指标，利用可持续性评估方法来评估不同热电耦合系统结构。Holijevac 等通过将混合整数线性规划（MILP）模型用于年度模拟，并将其扩展为滚动时域模型预测控制（RH-MPC）算法，从而可用于短期日常运行分析来实现不同热电耦合系统配置灵活性评估。胡康等比较了不同电 – 热综合能源系统改造方案在最小系统煤耗情况下的整体能效，指出汽轮机高（中）压旁路抽气供热方案的灵活性明显优于电储热、热泵制热等其他改造方案。赵璞等从能效、经济、社会、可靠、环境 5 个方面建立了多能流系统评估指标模型，充分考虑了电替代供暖在能源系统规划中的积极作用，为多能流系统中电替代供暖优化配置提供了理论指导。王越等基于粒子群 – 内点优化算法、优化模型分层解耦方法以及状态枚举法，以经济性和可靠性为指标，分析了不同设备容量配置对多能流系统的运行成本和安全性的影响。

针对可再生能源大规模接入场景下的电热互补供暖系统的设备配置问题，需要充分考虑多种能源的协调匹配，降低可再生能源功率不确定性的负面影响。Van Beuzekom 等结合技术经济发展、政策措施和天气变化等路径效应，提出了一个城市多能流系统长期、多阶段综合投资规划的优化框架，提高了可再生能源消纳量。Ugwoke 等采用参考建筑方法，以每小时的时间步长获得社区规模的季节性分解能源需求概况，为低收入国家的可再生能源利用提出了一种农村能源系统规划方法。Arivalagan 等针对热电耦合系统短期和长期内确定经济最优能源组合的决策问题，提出了一种混合整数（0-1）线性规划模型。吴霖鑫等考虑风电功率特性和供热系统运行特性，对热电耦合系统的容量配置和装备选择开展了相关研究。陆烁玮等利用改进的遗传算法，建立了以最小化费用年值、管网损失为优化目标的热电耦合系统优化规划模型。李博文等同样在考虑风、光电接入的情况下，充分利用电、气、热三种能源的互补特性，提出了一种电、热、气多能流系统协调配置方法。

电热互补供暖系统的优化配置需要充分考虑系统的源、荷不确定性，依托于合理的调度策略进行系统规划，因此两阶段优化配置在多能流系统规划设计中应用越来越广泛。Senemar等采用蒙特卡洛仿真方法对EH模型进行了建模，并在此基础上，建立了住宅热电耦合系统两阶段优化配置算法，上层以费用年值最小为优化目标，下层以能源枢纽动态结构最优为目标。崔全胜等提出了一种同时考虑系统配置、管网和储能优化以及可再生能源利用的两阶段系统规划设计运行联合优化模型，并在某街区能源系统中验证了模型的有效性和科学性。张嘉睿等考虑配电网功率约束和"停电不停暖"约束，上层以用户设备总投资及运维成本之和最小为目标，下层以最小年运行成本为目标，建立了一种园区供暖系统双层优化配置方法。沈欣炜等通过对多个典型日负荷场景进行聚类分群，基于EH模型建立了一种两阶段鲁棒规划模型，充分发挥了热电耦合系统的多能互补特性。

5.1.3　混合式电热互补供暖模式及其系统

电供暖是实现能源转型和清洁供暖的重要途径，对于完善能源结构、促进可再生能源消纳具有重要意义。此前，电供暖主要分布于城镇集中供暖难以覆盖到的郊区、农村地区，采用不同电供暖设备来替代分散燃煤供暖设施。这种场景下的电供暖规模通常较小，对其规划设计研究也多数只考虑了供需平衡问题，较少考虑热力系统自身特性的影响。现阶段，随着我国能源形势日渐严峻，针对城镇集中供暖系统进行电供暖改造已经成为提升清洁能源消纳、促进供暖系统节能减排的重要举措，同时随着供暖系统规模不断增大和热网结构日益复杂，供暖管网热力学特性已经成为不可忽视的影响因素，需要结合供暖管网热力学特性开展电供暖设备的位置配置研究，才可以充分发挥分布式电供暖与传统热水集中供暖的协同作用。

1. 集中式电热互补供暖模式

集中式电热互补供暖是我国城市供暖系统中最常见的一种电供暖改造模式，如图5-1所示，该模式是指在原有集中供暖系统的供暖区域内配置电供暖设备，其中电供暖设备多由电加热和蓄热两部分组成，采用电供暖设备来承担原有热源的部分热负荷，同时为了避免额外的管网铺设成本，电供暖设备多集中配置于供暖系统的源侧，一般建设在热电厂内。

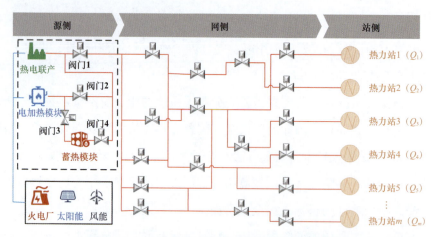

图 5-1　集中式电热互补供暖系统设备配置

在运行过程中，集中式电热互补供暖系统需要时刻满足区域内热负荷供需平衡，即

$$Q_h(t) + Q_e(t) = \Delta Q(t) + \sum_{i=1}^{m} Q_i(t) \qquad (5-1)$$

式中：$Q_h(t)$ 表示 t 时刻原有热源模块的热负荷，kW；$Q_e(t)$ 表示 t 时刻新增电供暖模块的热负荷，kW；$\Delta Q(t)$ 表示 t 时刻供暖系统输配损失，kW；$Q_i(t)$ 表示 t 时刻第 i 个热力站热负荷需求，kW；m 表示热力站数量。

在设计运行模式下，电供暖模块和原有热源模块分别负责一定比例的热负荷，假设原有热源模块负责 x 比例的热负荷，则电供暖模块需负责剩余（$1-x$）比例的热负荷，即

$$Q_e(t) = \left[\Delta Q(t) + \sum_{i=1}^{m} Q_i(t) \right] \cdot (1-x) \qquad (5-2)$$

为了适应风、光电的波动性和不确定性，增加可再生能源电力的消纳量，电供暖模块多采用电加热与蓄热相结合的配置方式，所以电供暖模块热负荷由两部分组成，即

$$Q_e(t) = Q_{e,h}(t) + Q_{e,st}(t) \qquad (5-3)$$

式中：$Q_{e,h}(t)$ 表示 t 时刻电加热装置热负荷，kW；$Q_{e,st}(t)$ 表示 t 时刻蓄热装置热负荷，kW。当蓄热装置放热时，$Q_{e,st}(t)$ 为正值；当蓄热装置蓄热时，$Q_{e,st}(t)$ 为负值。

集中式电热互补供暖是一种多热源协调供暖模式，在热电厂中集中配置电供暖装

置，改善了热电厂的热电特性，缓解了"热电冲突"的问题，增加了可再生能源消纳量并提高了热电厂运行收益。集中式电热互补供暖模式采用电供暖集中布置的方式，布置简单，便于管理。但是大规模集中供暖系统具有管网距离长、供暖输配损失较大、能源浪费严重、系统拓扑结构复杂、供暖灵活性不足等特征，极易出现近热远冷和供暖不均的问题，导致用户供暖品质下降，这些问题难以直接用集中式电热互补供暖模式解决。

2. 混合式电热互补供暖模式

为了充分发挥电供暖布置灵活、改善热电机组热电特性及促进风/光电消纳的积极作用，充分考虑供暖管网热力学特性，提出了一种新型网侧电热互补供暖模式，将电供暖设备分散配置于原有集中供暖系统各热力站处，称为混合式电热互补供暖模式。图 5-2 展现了混合式电热互补供暖模式的基本结构，该供暖模式是在原有集中供暖系统热力站处安装电供暖装置，利用电网进行电加热补热，通过两种供暖方式的互补可以满足用户供暖需求。相比于传统集中式热源供暖模式，混合式电热互补供暖模式主要具有两方面优势：一方面分散式电供暖装置的引入可以降低集中供暖系统供暖负荷，减少燃料消耗，同时电供暖还可以增加风电、光电等清洁电力的消纳，达到节能环保的目的；另一方面电供暖装置分散布置于原有集中供暖系统热力站处，不仅可以提高供暖灵活性，而且可以大幅度降低热网过热损耗。

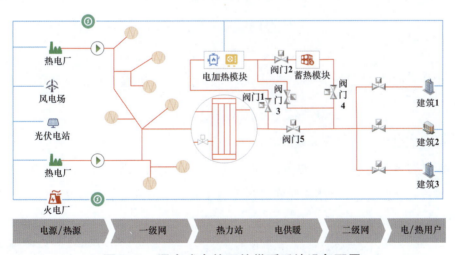

图 5-2　混合式电热互补供暖系统设备配置

与集中式电热互补供暖不同，混合式电热互补供暖在运行过程中除需要满足系统整体热负荷供需平衡之外，还需要保证每个热力站处都要满足热负荷供需平衡，即

$$Q_i(t) = Q_{e,i}(t) + Q_{h,i}(t), \quad i = [1, 2, \cdots, m] \tag{5-4}$$

式中：$Q_i(t)$ 表示 t 时刻第 i 个热力站处的总设计热负荷，即该热力站覆盖区域所有居民设计热负荷需求之和，kW；$Q_{e,i}(t)$ 表示 t 时刻第 i 个热力站处的电供暖设计热负荷，kW；$Q_{h,i}(t)$ 表示 t 时刻第 i 个热力站处的原有集中热源供暖设计热负荷，kW。其中，i 表示第 i 个热力站，m 为热力站总数。

首先，热水集中供暖系统开始运作，将集中供暖系统的供暖设计指标温度由原来的 $\geqslant T_0$ 降低为 $\geqslant T_0'$，此时分散式电供暖设备尚未启动，$Q_{e,i}(t) = 0$，按照体积热指标法计算，则

$$Q_i'(t) = Q_{h,i}'(t) = \sum q_{v,i} V_i (T_0' - T_w) \tag{5-5}$$

式中：$Q_{h,i}'(t)$ 表示供暖标准温度设计为 T_0' 时的原有集中热源供暖系统设计热负荷，kW；$q_{v,i}$ 表示建筑物的供暖体积热指标，kW/（$m^3 \cdot ℃$）；V_i 表示建筑物的外围体积，m^3；T_0' 表示供暖室内标准设计温度，℃；T_w 表示供暖室外计算温度，℃。

由于供暖管网在输送过程中存在水力损失和热力损失，导致热力站处实际获得的热负荷 $Q_{h,i}'' < Q_{h,i}'$，为保证用户供暖设计热负荷不变，此时分散式电供暖设备启动，并逐渐增大热负荷至 $Q_{e,i}'(t)$，直至在室外计算温度 T_w 下，用户室内供暖温度达到 T_0'，此时用户所需供暖热负荷满足

$$Q_i'(t) = Q_{e,i}'(t) + Q_{h,i}''(t) = \sum q_{v,i} V_i (T_0' - T_w) \tag{5-6}$$

$$Q_{e,i}'(t) = Q_{h,i}'(t) - Q_{h,i}''(t) \tag{5-7}$$

接下来，分散式电供暖设备运行功率进一步增大至 $Q_{e,i}''(t)$，直至在室外计算温度 T_w 下，用户室内供暖温度达到标准温度 T_0，此时用户所需供暖热负荷满足

$$Q_i(t) = Q_{h,i}''(t) + Q_{e,i}''(t) = \sum q_{v,i} V_i (T_0 - T_w) \tag{5-8}$$

在混合式电热互补供暖系统中，以 T_w 为室外计算温度，室外温度为 T_w 时，原有集中热源供暖负荷达到其设计热负荷 $Q_{h,i}'$，实际供暖负荷达到 $Q_{h,i}''$，分散式电供暖设备也达到其设计热负荷 $Q_{e,i}''$；当实际室外温度低于或高于室外计算温度 T_w 时，为了充分发挥电供暖装置调节灵活、及时的特点，优先调整电供暖装置运行功率，逐渐改变其热负荷，直至在实际室外温度 T_w' 下（其中 $T_w' \neq T_w$），用户室内温度达到标准温度 T_0，分散式电供暖负荷变为 $Q_{e,i}'''$，只有当电供暖装置无法满足调节要求时，才改变原有集中热源供暖负荷，原有集中热源供暖负荷 $Q_{h,i}'$ 短期内不发生变化，此时用户热负荷需求满足

$$Q_i(t) + \Delta Q_i(t) = Q''_{h,i}(t) + Q''_{e,i}(t) = \sum q_{v,i} V_i (T_0 - T'_w) \qquad (5\text{-}9)$$

式中：$\Delta Q_i(t)$ 表示因室外温度发生变化导致用户设计热负荷的变化量，kW。

混合式电热互补供暖系统二级网侧能流结构如图 5-3 所示，图中红色线条表示供暖系统供水，蓝色线条表示供暖系统回水，绿色线条表示电力系统供电。结合图 5-2和图 5-3 可以看出，混合式电热互补供暖系统是一种新型供暖系统。从供暖模式来看，混合式电热互补供暖系统是集电 / 热能生产、传输、转换、存储、利用于一体的综合能源系统，主要由电力系统、热力系统以及能源耦合转换设备组成。其中，热力系统主要包括热源（热电联产机组）、供暖管网、热力站、换热器等；电力系统主要包括供电机组（热电联产机组、火电机组和其他清洁能源机组），市政电网等；能源耦合转换设备在本文特指实现电能和热能相互转换的部件，即热电联产机组和电供暖装置等。

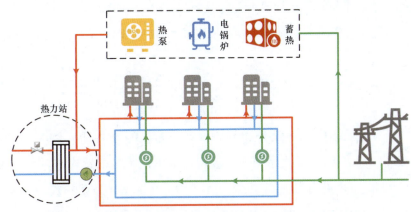

图 5-3 混合式电热互补供暖系统二级网侧能流结构图

5.1.4 混合式电热互补供暖系统性能分析

1. 环境效益计算模型

在系统运行过程中，热电机组和火电机组是其主要污染排放源，风电机组等其他可再生能源机组的污染物排放几乎可以忽略不计。污染物是由燃料在机组锅炉燃烧过程中产生的，热电机组和火电机组的燃料消耗量主要和其供给的电、热负荷量有关。热电机组和火电机组除了需要向电网输送电力满足居民常规供电需求以外，还需要在风电等清洁电力缺乏的情况下为电替代供暖设备提供电力来保障供暖。因此针对系统环境效益分析问题，可以对比分析供暖模式下系统整个供暖季的污染物排放量，其量化表达式为

$$PF_{\text{all}} = \sum_t \sum_i^{n_w} P_i(t) \Delta t \left(PF_{i,\text{SO}_2} + PF_{i,\text{NO}_x} + PF_{i,\text{CO}} + PF_{i,\text{CO}_2} \right) \qquad (5\text{-}10)$$

式中：PF_{all} 表示系统供暖季污染物排放总量，g；$P_i(t)$ 表示 t 时刻机组 i 的电功率或热负荷，kW；Δt 表示该功率下的运行时间，h；PF_{i,SO_2}、PF_{i,NO_x}、$PF_{i,CO}$、PF_{i,CO_2} 分别表示机组 i 的 SO_2、NO_x、CO、CO_2 的排放系数，g/（kW·h）；n_w 表示污染物种类总数，本文只考虑 SO_2、NO_x、CO 及 CO_2 等四种主要污染物。

2. 经济效益计算模型

经济性指标是系统建设方案最重要的评价指标之一，只有可行的经济性，才能保证建设方案的顺利实施。城市供暖系统实施电供暖改造建设的经济性成本主要包括设备投资成本、设备维护成本及供暖运行成本，一般折合成费用年值来计算，即

$$C_{all}=C_t+C_w+C_y \tag{5-11}$$

式中：C_{all} 表示系统年建设成本，元；C_t 表示系统年投资成本，元；C_w 表示系统年维护成本，元；C_y 表示系统年运行成本，元。

其中，系统年投资成本由电供暖设备投资成本和年供暖改造费用两部分组成，即

$$C_t = \sum_{i=1}^{n_e}\left[C_i^e Q_i^e \frac{r_i(1+r_i)^{l_i}}{(1+r_i)^{l_i}-1}\right] + \sum_{k=1}^{n_{st}}\left[C_k^{st} Q_k^{st} \frac{r_k(1+r_k)^{l_k}}{(1+r_k)^{l_k}-1}\right] + \frac{\sum\limits_{j=1}^{m} PRI_j}{\min l_j} \tag{5-12}$$

式中：n_e、n_{st} 分别表示电加热设备和蓄热设备数量；C_i^e 表示第 i 个电加热设备单位功率配置成本，元/kW；C_k^{st} 表示第 k 个蓄热设备单位容量配置成本，元/（kW·h）；Q_i^e 表示第 i 个电加热设备的配置功率，kW；Q_k^{st} 表示第 k 个蓄热设备的配置容量，kW·h；r_i、r_k 分别表示第 i 个电加热设备和第 k 个蓄热设备的折现率；l_i、l_k 分别表示第 i 个电加热设备和第 k 个蓄热设备的使用年限；PRI_j 表示第 j 个热力站或热源处的供暖改造费用，元；$\min l_j$ 表示该处热力站实施供暖改造后的最低可使用年限，一般取该处电供暖设备的最低使用年限。

系统运行过程中，需要对设备进行定期检查，设备维护成本主要包括设备的检修、器件更换等费用，设备维护成本主要与设备种类和设备运行功率有关，即

$$C_w = \sum_{i\in I}\left[\varepsilon_i(t)\sum_{t\in T}P_i(t)\right] \tag{5-13}$$

式中：$\varepsilon_i(t)$ 表示 t 时刻第 i 个设备单位功率可变维护成本，元/（kW·h）；$P_i(t)$ 表示 t 时刻第 i 个设备运行功率，kW。本文为了简化计算，不再考虑单位功率维护成本随时间的变化，$\varepsilon_i(t)$ 取定值。

供暖系统的运行成本一般由运行过程中供暖系统中热源机组消耗的燃料费和电供

暖设备消耗的电费组成，其中不同种类、不同时段的电力或燃料成本各不相同，因此年运行成本表达式为

$$C_y = \sum_{t=1}^{T} \left\{ \sum_{k=1}^{n_p} \left[P_k(t)\delta_k(t) \right] + B_{chp}(t)\delta_b(t) \right\} \qquad (5\text{-}14)$$

式中：n_p 表示电力种类数；$P_k(t)$ 表示 t 时段第 k 类电力的消耗量，$kW \cdot h$；$\delta_k(t)$ 表示 t 时段第 k 类电力的价格，元 /（$kW \cdot h$）；$B_{chp}(t)$ 表示 t 时段的标准煤耗量，kg；$\delta_b(t)$ 表示 t 时段的标准煤价格，元 /kg。

为了保证系统建设方案的可行性，需要保证系统整个供暖期收益大于系统费用年值。现阶段，我国供暖收费大多都是按供暖面积进行收费，供暖收益表达式为：

$$I = S \times I_s \qquad (5\text{-}15)$$

式中：I 表示系统整个供暖季的收益，元；S 表示系统供暖面积，m^2；I_s 表示供暖季单位供暖面积收费，元 /m^2。

3. 节能效益计算模型

随着供暖系统规模的不断扩大，供暖距离日趋增加，供暖损耗导致的水力失调和近热远冷现象已经成了不可忽视的问题。电供暖设备的配置相当于在原有集中供暖系统中引入了新的热源。新热源的引入会导致供暖系统的水力和热力平衡发生变化，热网损耗也会发生相应的变化。在供暖系统中配置电供暖的另一个主要目标就是充分利用电供暖设备配置的灵活性，大大减少热网损耗。因此对电供暖进行合理配置，并计算节能效益也是需要重点关注的问题。

为了明显地表示系统节能效益的变化，需要建立系统节能效益量化评价指标。本文将系统节能效益评价指标表示为系统热负荷需求与系统耗能等效电功率之比，称为系统供需比，其计算公式为

$$\eta_{all} = \frac{\displaystyle\sum_{t}\sum_{i=1}^{m} Q_i(t)}{\displaystyle\sum_{t} \left\{ \sum_{j=1}^{n_e} P_j(t) + \sum_{k=1}^{n_{chp}} \left[\varsigma_k \cdot Q_k(t) \right] \right\}} \qquad (5\text{-}16)$$

式中：$P_j(t)$ 表示 t 时刻第 j 个电供暖设备的耗电量，kW，只计算纯凝电力，不考虑弃风电力消纳量；ς_k 表示第 k 个热电机组的热电调换比，指每单位热负荷需要的蒸汽放热量如果进入汽轮机后续气缸可以生产的电量；$Q_k(t)$ 表示 t 时刻第 k 个热电机组的热负荷，kW；n_e、n_{chp} 分别表示电供暖设备和热电机组总数量。

5.2 消纳太阳能的新型分布式供热系统

在碳达峰和碳中和的背景下，清洁低碳的现代城镇建设对区域供热系统建设和管理提出了新的要求。从规划设计角度出发对供热系统进行研究以提高能源利用率和增加可再生能源供暖的比例已经成为制约北方城镇实现供暖清洁高效的主要难题之一，需要积极探索有利于提升能源利用效率、广泛消纳可再生能源的供热系统结构和配置，减少碳排放。

太阳能作为重要的可再生能源，具有分布广泛、清洁无污染和资源丰富等优势。在 2017 年，国家能源局等十部委联合发布了《北方地区冬季清洁取暖规划（2017～2021 年）》，提出了"因地制宜利用各种清洁能源"的供暖原则。在 2021 年，国家能源局发布了《积极稳妥推进北方地区清洁取暖》，进一步提出了要坚持系统优化、因地制宜，不断巩固清洁取暖成果，具体来说主要有三方面：一是严格按照"宜电则电、宜气则气、宜煤则煤、宜热则热"原则，选择清洁供暖方式；二是大力提升热网效率；三是着力降低农房能耗。实施以太阳能为代表的可再生能源进行辅助供热，有助于推进能源结构转型、构建新型能源系统，从而实现减少化石能源消耗、降低污染物和二氧化碳排放，最终实现北方城镇清洁供暖。

5.2.1 太阳能供热技术介绍

太阳能作为一种必不可少的清洁可再生能源，在发展可再生能源中发挥着更加重要的作用。对太阳能在供暖领域的使用进行了深入研究。例如，Liu 等人讨论了中国青藏高原写字楼太阳能供暖系统的生命周期成本，并考虑了节能和环境影响的优化设计。He 等人使用数据驱动的方法来优化具有热能存储的太阳能空间供暖系统，以优化太阳能区域供热。Huang 等人对北京郊区某村庄的第一台大型太阳能辅助地源热泵供暖和制冷进行了实验和理论研究。Liu 等人使用热用户节点模型来研究住宅建筑的分布式太阳能供热系统的热性能。由于太阳能是一种不稳定的能源，它需要与其他加热策略相结合。Feng 等人设计了太阳能供热系统的关键参数连接电磁加热单元和相变储能罐。在太阳能供热系统的经济分析中，Huang 等人开发了一个基于平准化热成本（LCoH）的评估模型，并使用 Python 程序计算不同设计的太阳能供热系统的 LCoH。总之，大量学者已经从不同的角度对太阳能供热系统进行了深入的研究。

5.2.2 分布式太阳能接入下的供热系统建模

太阳能供热机组与电产热供暖机组的特点相类似，均适合在较小规模下展开分布式布置，同时也具有清洁无污染的特点。但相比于电产热供暖机组，太阳能供热机组是一种不稳定的波动性较大的被动型热源，受外界条件影响较大。按照工作过程可以分为太阳能集热回路、蓄热换热回路和供热回路三个部分，首先太阳能加热集热器中的介质进行集热，然后通过储热水箱实现集热器中的介质与蓄热回路之间的换热，最后蓄热换热回路利用吸热的热量对供热区域进行供热，其结构示意图如图 5-4 所示。

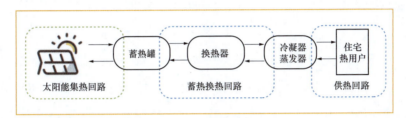

图 5-4　太阳能供热机组

完整过程的数学模型可以表述如下：

$$Q_{(\tau,i)} = \int_0^\tau \eta_{(t,i)} \cdot I_{\theta(t)} \cdot A_c \tag{5-17}$$

$$Q_{(\tau,i)} = \frac{m_h(h_{\text{in},h} - h_{\text{out},h})}{\eta_{\text{storage}}} \tag{5-18}$$

$$m_h(h_{\text{in},h} - h_{\text{out},h}) = \eta_{\text{ex}} m_l(h_{\text{out},l} - h_{\text{in},l}) \tag{5-19}$$

式中：$Q_{(\tau,i)}$ 表示太阳能集热器 i 在时间段 τ 的集热量设备的集热量，kW；$\eta_{(t,i)}$、η_{ex} 和 η_{storage} 分别表示集热器的实时光热转换效率、换热器的换热效率和蓄热罐的蓄热效率，%；A_c 表示太阳能集热器的集热面积，m^2；m_h 和 m_l 分别为高温回路和低温回路的质量流量，kg/h；$h_{\text{in},h}$、$h_{\text{out},h}$、$h_{\text{in},l}$ 和 $h_{\text{out},l}$ 分别为换热器高温回路入口水焓值、换热器高温回路出口水焓值、换热器低温回路入口水焓值和换热器低温回路出口水焓值，kW·h/kg。

储热模块的主要作用是将不稳定性的电力所产生的不稳定热量储存起来，按照供热区域的要求实现稳定供热。因此，储热模块是完成"热-电"协同以及"热-热"互补，实现可再生能源充分消纳的关键模块，储热设备的容量是其关键参数，与充放电模型相类似，本文考虑储热模块的吸热和放热过程，其数学模型具体表达式如下：

$$0 \leqslant H_{\text{hs}}^{\text{ch}}(t), H_{\text{hs}}^{\text{dis}}(t) \leqslant He_{\text{hs}} \tag{5-20}$$

$$SOC_{\text{hs}}(t) = SOC_{\text{hs}}(t-1) \cdot (1-\sigma_{\text{hs}}) + \left[H_{\text{hs}}^{\text{ch}}(t)\eta_{\text{hs}}^{\text{ch}}(t) - \frac{H_{\text{hs}}^{\text{dis}}(t)}{\eta_{\text{hs}}^{\text{dis}}(t)} \right] \cdot \frac{\Delta t}{W_{\text{hs}}} \tag{5-21}$$

$$SOC_{hs}^{L} \leqslant SOC_{hs}(t) \leqslant SOC_{hs}^{U} \qquad (5-22)$$

$$W_{hs} = \rho_{hs} He_{hs} \qquad (5-23)$$

式中：H_{hs}^{ch} 和 H_{hs}^{dis} 分别为储热机组的储热功率和放热功率，kW；He_{hs} 为储热机组的额定功率，kW；SOC_{hs} 为储热机组的蓄能状态，%；σ_{hs} 为储热机组的自传热系数，%；Δt 为单位时间步长，h；W_{hs} 为储热机组的额定储能容量，kW·h；η_{hs}^{ch} 和 η_{hs}^{dis} 分别为储热机组的储热效率和放热效率，%；SOC_{hs}^{L} 和 SOC_{hs}^{U} 分别为储热机组储能状态的下限和上限，%；ρ_{es} 为储热机组的功率容量转换系数，kW/（kW·h）。

目前，由于可再生能源技术的深入发展以及以新一代信息技术为工具的优化技术的成熟应用，蓄热技术已经愈发重要且应用日益广泛，已经成为实现"热-电"协同以及"热-热"互补的重要硬件支撑，对于实现清洁低碳供热具有愈发重要的作用。

根据热力站与热用户之间关系的特点，我们类比了电力系统中不同带电体之间的电负荷强度，定义出二级网中的粒度。具体而言，粒度应当可以一并反映出供热系统二级网规模及热量在空间供需分布情况，粒度应当与热负荷大小呈现正相关，与距离呈现负相关，且距离与电场中的欧氏距离不同，结合热力系统的特点应当是曼哈顿距离。举例而言，当智慧供热系统二级网规模较大热量供需较为集中时，粒度较小；当智慧供热系统二级网规模较小热量供需较为分散时，粒度较大。

通常情况下，粒度越大时，供热系统的单个二级网规模越小，供热更加精细化，可以满足热用户灵活的用热需求。当系统内的热用户用热特性差别较大时，比如某些热用户为居民建筑、某些热用户为办公大楼或者教学楼时，主要由于其不同类型热用户的用热时间段差别较大，所以可以通过将不同类别建筑分别设置为不同的二级网为其供热，从而实现供热的精准化调节满足灵活的用热需求，避免由于过量供热而产生热量的浪费。而当粒度越小时，供热系统的二级网更加复杂，限于实际的调控水平无法实现供热的精准化，当二级网内的热用户用热特性差别较大时，无法实现供热的精准化调节，但是热力站的个数更少，投入的成本可能更低。因此，考虑到不同热用户的用热灵活特性可能差别较大，仅用二级网中热力站的数量进行衡量，无法体现出不同方案之间的差别。

因此，本文将粒度定义为量化二级网规模及热量在空间供需分布的指标。根据粒度的定义，粒度指标的计算应考虑热用户负荷大小以及热用户和热源的相对位置，进而来衡量不同方案之间的差异。当粒度值越大，区域供热系统的分布越分散；当粒度值越小，区域供热系统的分布越集中。可通过以下公式进行计算：

$$G = \frac{\dfrac{1}{k}\sum_{j=1}^{k}\left(\dfrac{1}{n}\sum_{i=1}^{n}\dfrac{s_{i,j}}{d_{i,j}}\right)}{\left(\dfrac{s_{\max}}{d_{\min}}\right)} \tag{5-24}$$

$$s_{i,j} = \frac{Q_i}{Q_j} \tag{5-25}$$

$$d_{i,j} = \left|x_i - x_j\right| + \left|y_i - y_j\right| \tag{5-26}$$

式中：G 为所选方案的粒度，%；n 为热用户的数量，个；k 为热源（以二级网为例，则为换热站）的数量，个；$s_{i,j}$ 为热用户 i 在热源 j 所有供热份额中的占比，%；$d_{i,j}$ 为热用户 i 和热源 j 之间的相对曼哈顿距离；Q_i 和 Q_j 分别为热用户的负荷和热源的总功率，kJ；x_i、y_i、x_j 和 y_j 分别代表归一化后所选热用户和热源的坐标位置。

技术经济性是衡量系统在建设以及运行的全生命周期中能否实现盈利的核心指标，目前研究已经十分充分，主要包含三个部分：一部分为固定成本，主要应用费用年值法将包含设备成本、管网成本、阀门成本以及水泵成本等的初投资成本折算到每一年；一部分是运行成本，主要包括运行过程中的热量消耗成本、电力消耗成本和水耗等；还有一部分是系统的其他成本，这部分主要包括人员成本和设备维护成本等。因此，系统的技术经济性可以用年折算初投资成本、设备维护及人员成本以及运行成本等来衡量。基于本文所研究内容的考虑，本文可以用如下数学表达式计算得到：

$$C_\alpha = \alpha C_{\text{in}} \tag{5-27}$$

$$C_{\text{t}} = C_\alpha + C_{\text{h}} + C_{\text{o}} \tag{5-28}$$

$$\alpha = \frac{I(1+I)^n}{(1+I)^n - 1} \tag{5-29}$$

式中：C_{in}、C_α、C_{h}、C_{o} 和 C_{t} 分别为区域供热系统的固定设备初投资、系统固定设备年折算投资、系统年运行能耗成本、系统年其他成本以及系统年总成本，元；I 为系统固定设备的内部回收比，%；n 为系统固定设备的生命周期，年；α 为系统固定设备的年折算系数。

同一供热系统内各个热用户的可再生能源消纳占热用户热负荷需求的比例应该以最低值作为该热源及其附属热用户供热系统的最大可再生能源替代率，进而可以计算出整个智慧供热系统的最大可再生能源消纳率。可再生能源消纳率一般定义为实际消纳的可再生能源与可再生能源总量之比。对于某个二级网区域含有 j 个热力站和 i 个热用户，单个建筑的可再生能源供热替代率、单个智慧供热系统二级网中的可再生能源供热替代率以及整个区域内智慧供热系统的可再生能源消纳率如下所示：

$$\eta_i = \frac{Q_{r,i}}{Q_i} \qquad (5-30)$$

$$\eta_j = \min\{\eta_1, \eta_2, \cdots, \eta_i\} \qquad (5-31)$$

$$\eta_c = \frac{1}{jQ_t} \sum_i^j \left(\frac{\eta_j \cdot Q_j^{\;2}}{Q_{r,j}} \right) \qquad (5-32)$$

式中：η_i、η_j 和 η_c 分别为热用户 i 的可再生能源供热替代率、智慧供热系统 j 所属二级网区域的可再生能源供热替代率、整个区域内智慧供热系统的可再生能源消纳率，%；Q_i、Q_j、Q_t、$Q_{r,i}$ 和 $Q_{r,j}$ 分别为热用户 i 的需求热负荷、热力站 j 所属区域内所有热用户的需求热负荷之和、整个区域内热负荷需求之和、热用户 i 的可再生能源可供热负荷、热力站 j 所属区域内所有热用户的可再生能源可供热负荷之和，kW。

5.2.3 面向太阳能消纳的供热系统粒度分析及案例研究

1. 基于粒度分析方法的供热系统研究

（1）基于层次聚类方法的热力站配置优化。目前对智慧供热系统二级网规划设计方面的研究层出不穷，其中在热力站优化配置方面大多数根据已有的热力站数量方案进行拓扑结构的优化或者是针对热力站的位置进行优化，因而缺乏系统性的规划优化。本节从系统的角度出发对二级网展开优化规划，即对热力站位置、热力站数量以及管网拓扑结构进行全方位的考虑。但是，这会带来优化规划计算的复杂性大大提升的问题，所以文中先运用层次聚类算法对所研究对象的优化方案进行初步筛选，进一步缩减优化计算方案的数量，从而缩短系统优化规划的时间成本。

层次聚类算法是聚类算法的一种，其通过计算不同类别数据点间的相似度来创建一棵有层次的嵌套聚类树。在聚类树中，不同类别的原始数据点是树的最底层，树的顶层是一个聚类的根节点。层次聚类的合并算法通过计算两类数据点间的相似性，对所有数据点中最为相似的两个数据点进行组合，并反复迭代这一过程。简单而言，层次聚类的合并算法是通过计算每一个类别的数据点与所有数据点之间的距离来确定它们之间的相似性，距离越小，相似度越高。并将距离最近的两个数据点或类别进行组合，生成聚类树。在本文中应用层次聚类算法可以同时考虑热用户的地理位置和热用户的负荷大小两个因素，由于热用户负荷的相似性或者是地理位置的相近性，最终可以得到处于同一个热源的供热范围之内的目标热用户，从而对热力站进行选址和定容。此外通过层次聚类算法可以直观地显示热用户的数量和可用设计方案的组合。通过层次聚类算法得到的结果如图 5-5 所示，横坐标代表热用户的编号，纵坐标不同簇之间的距离代表不同聚类结果下簇之间轮廓的距离。

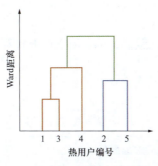

图 5-5　层次聚类算法结果示意图

在层次聚类之前需要计算各个点之间的距离，最终可用于确定包含每个点之间的距离矩阵。本文采用欧式距离来计算各个点之间的距离，然后更新矩阵以显示每个聚类得到的簇之间的距离，并使用 Ward 距离来衡量不同簇之间的距离，其计算过程如图 5-6 所示，在平均链接的层次聚类中，两个聚类簇之间的距离被定义为一个聚类中的每个点到另外一个聚类簇中每个点的平均距离。例如，左边的聚类簇"r"和右边的聚类簇"s"之间的 Ward 距离等于相互之间每个箭头的平均长度，计算式为

$$d_{ij} = \left[\sum_{k=1}^{p} \left(x_{ik} - x_{jk} \right)^2 \right]^{1/2} \tag{5-33}$$

$$L(r,s) = \frac{1}{n_r n_s} \sum_{i=1}^{n_r} \sum_{j=1}^{n_s} \mathrm{d}(x_{ri}, x_{sj}) \tag{5-34}$$

式中：k 为数据维度；i 和 j 分别为第 i 个和第 j 个数据点；$d_{i,j}$ 为数据点 i 和数据点 j 之间的欧氏距离；n_r 和 n_s 分别为聚类簇 r 和聚类簇 s 中包含的数据个数；$L(r,s)$ 为聚类簇 r 和聚类簇 s 之间的 Ward 距离。

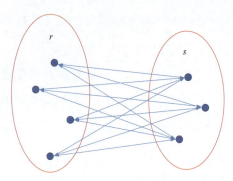

图 5-6　不同簇之间的 Ward 距离计算过程示意图

层次聚类的算法计算流程见表 5-1。

表 5-1　　　　　　　　　　　**层次聚类算法流程**

输入：$X=\{x_1, \cdots, x_N\}$，$x_i \in X$；Ward 距离函数 $L(c_1, c_2)$。

输出：完成分类的热用户组合。

对于：$i = 1, 2, \cdots, N$

　　　　$C_i = \{x_i\}$

$C = \{c_1, c_2, \cdots, c_N\}$

$I = n+1$

当 C 中元素个数大于 1 时：

　　　　对于任意 $\{c_i, c_j\} \in C$，$(c_{min1}, c_{min2}) = \min L(c_i, c_j)$；

　　　　合并 c_{min1}，c_{min2} 并加入到 C 中；

　　　　从 C 中移除 c_{min1}，c_{min2}；

　　　　$I = n+1$

结束循环

（2）不同配置方案下的二级网拓扑结构优化。完成热力站组合方案的初步筛选之后，重点在于对方案进行拓扑结构优化，在智慧供热系统二级网拓扑结构优化方面，本文使用开源程序 DHN*x* 模块进行模型建构和优化，具体包括两层结构，在第一层运用混合整数线性规划对路径进行优化，得到最优的拓扑结构路径；在第二层运用线性规划在第一层的基础上，对每一段拓扑结构的管径进行优化。

图 5-7 所示为简化的供热系统二级网结构，其中存在热用户、街道、热水管道和热力站等（图中色块大小与热负荷大小无关，下同）。对于管道，从目标区域的地理信息中提取理想的街道分布图，并将街道抽象为边界线，作为潜在的管道，以便进一步优化管网的拓扑结构。

本文这部分优化的对象是热力管道的拓扑结构布局以及每个管段对应的管径大小，

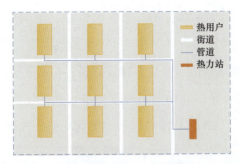

图 5-7　智慧供热系统二级网结构示意图

图 5-8　管网段示意图

图 5-8 所示为管道的模型示意图，需要考虑其传热特性和流动阻力特性。

理论上的计算和优化求解与实际上可能产生的非理想状态存在一定的误差，本文对非理想的误差因素进行简化，认为实际过程是在理想状态下，因此对优化过程做出的假设如下：

1）假设智慧供热系统的工作介质是不可压缩的流体。

2）智慧供热系统的水力条件保持稳定。

3）管网中的传热过程被简化为一维传输模型，忽略了轴向传热。

对于智慧供热系统中二级网的每一段管网而言，其约束条件方程的数学描述如下：

$$C_n = Q_{(n,j),\text{invest}} \cdot c_{\text{invest}} + y_{(n,j)} \cdot c_{\text{investfix}} \tag{5-35}$$

$$Q_{\text{loss},n,t} = Q_{(n,j),\text{invest}} \cdot f_{\text{loss,t}} + y_{(n,j)} \cdot f_{\text{lossfix,t}} \tag{5-36}$$

$$Q_{(n,j),t} = Q_{(i,n),t} - Q_{\text{loss},n,t} \tag{5-37}$$

$$Q_{(i,n),\text{invest}} = Q_{(n,j),\text{invest}} \tag{5-38}$$

$$Q_{(i,n),\text{invest}}^{\min} \cdot y_{(n,j)} \leq Q_{(n,j),\text{invest}} \leq Q_{(n,j),\text{invest}}^{\max} \cdot y_{(n,j)} \tag{5-39}$$

$$-Q_{(i,n),\text{invest}} \leq Q_{(i,n),t} \leq Q_{(i,n),\text{invest}} \tag{5-40}$$

$$-Q_{(n,j),\text{invest}} \leq Q_{(n,j),t} \leq Q_{(n,j),\text{invest}} \tag{5-41}$$

$$y_{n,j} \in \{0,1\} \tag{5-42}$$

式中：C_n 为智慧供热系统二级网中管道 n 的建设成本，元；$Q_{(n,j),\text{invest}}$ 为智慧供热系统二级网中管道 n 的传热能力，kW；$Q_{(n,j),t}$ 为在 t 时刻流出智慧供热系统二级网中管道

n 中的热流，kW；$Q_{(i, n),t}$ 为 t 时刻流入智慧供热系统二级网中管道 n 中的热流，kW；$Q_{loss, n, t}$ 为 t 时刻智慧供热系统二级网中管道 n 产生的热损失，kW；$y_{n, j}$ 为智慧供热系统二级网中管道 n 的投资决策变量（0 是不建设管道；1 是建设管道）；c_{invest} 为单位输热容量的建设成本，元 /kW；$c_{investfix}$ 为固定投资成本，元；$f_{loss,t}$ 为 t 时刻输热过程中的热损失系数，kW/kW；$f_{lossfix,t}$ 为 t 时刻输热过程中的固定热损失系数，kW；$Q^{min}_{(n, j),invest}$ 为最小管网输热容量（kW）；$Q^{max}_{(n, j),invest}$ 为最大管网输热容量，kW。

其中，C_n、$Q_{(n, j), invest}$、$Q_{(n, j),t}$、$Q_{(i, n),t}$、$Q_{loss, n, t}$、$y_{n, j}$ 为决策变量参数；c_{invest}、$c_{investfix}$、$f_{loss,t}$、$f_{lossfix,t}$、$Q^{min}_{(n, j),invest}$、$Q^{max}_{(n, j),invest}$ 为参数变量。

供热系统中可用的最小管道尺寸一般为 DN50，而最大管道尺寸一般为 DN1400，通往各建筑的管道尺寸一般不小于 DN32，所以管径应当满足如下约束条件：

$$d_{min} \leqslant d \leqslant d_{max} \qquad (5-43)$$

式中：d_{min} 和 d_{max} 分别为智慧供热系统二级网中管道允许的最小尺寸和最大尺寸，mm。

除了管道尺寸外，管道中水流的流速不宜过大，假如管道中的水流流速过大不但会产生较大流动噪声，而且会导致管道中的阻力变大压损升高，进而加速管道的老化，所以流速应当满足如下约束条件：

$$v \leqslant v_{max} \qquad (5-44)$$

式中：v_{max} 为智慧供热系统二级网中管道允许的最大流速，m/s。

在保证精度的前提下，进行简化计算是非常必要的，所以本文与文献［33］相一致，近似认为输送热量与管道施工成本以及热损失之间呈线性关系，因此可以得到热损失与投资成本也呈线性关系。经过简化处理后，优化目标函数为管道投资成本，其数学模型可以表示如下式：

$$Obj = \min \sum C_n \qquad (5-45)$$

式中：Obj 为智慧供热系统二级网规划的优化目标函数。

（3）不同配置方案下最优二级网拓扑结构分析与评估。具体到本章所研究问题，抓住主要矛盾，在本节中仅考虑 2.2 节中所述指标中与优化规划目标相关的部分，即需要计算不同配置方案的粒度、调控稳定性以及技术经济性指标。粒度和调控不稳定性计算思路和方法与 2.2 节所述一致，而技术经济性计算具体到本章所研究内容，对问题进行简化后，与本章优化规划内容相关的包含热力站的初投资、热力管网的初投资以及传输热损失成本。

$$C_{ac}=C_{hes}+C_{p}+C_{trans} \tag{5-46}$$

式中：C_{ac}、C_{hes}、C_{p} 和 C_{trans} 分别为智慧供热系统二级网的差别年折算成本、智慧供热系统热力站年折算成本、智慧供热系统二级网管网的年折算成本以及智慧供热系统二级网中的年传输热损失成本，元。

2. 基于粒度分析方法的供热系统规划流程

以太阳能接入的区域供热系统为研究对象，提出了基于粒度指标，考虑系统经济性的供热系统规划设计方法。首先，运用层次聚类方法，根据热用户的地理坐标位置和热负荷的大小来生成热用户的初步聚类结果。然后，考虑聚类结果和拓扑结构中换热站的潜在的可能位置，制定了配置方案。其次，技术–经济优化方法旨在找到最具成本效益的区域供热网络。该优化方法遵循两个步骤。首先，通过混合整数线性规划优化找到最佳路线方案。第二，应用线性规划模型来选取方案中管道系统的最佳管道尺寸。之后，提出了粒度的概念和计算方法，作为反映分布式区域供热系统中热量的空间分布和系统分散程度的定量指标。接着，根据所研究案例区域的特点，基于运行稳定安全的原则对供热系统配置方案中的太阳能的最大供热比例进行优化，得到基于粒度分析方法下各个供热系统配置方案的最大太阳能消纳率。在满足太阳能充分消纳的前提下，对供热系统的储热配置容量进行了优化，进一步对不同太阳能接入比例下供热系统的技术经济性进行了分析和计算。最后，基于上述优化计算结果，讨论了粒度分析方法对于供热系统中太阳能消纳以及其在供热系统技术经济性提升方面的影响，证明了粒度分析方法在可再生能源消纳方面的促进作用以及其长期经济价值。

3. 案例介绍

该案例来自北京市的一个区域供热系统，其地理信息如图 5-9 所示，主要包括建筑物和街道。所选案例的供热面积为 16.43 万 m^2，有 21 栋建筑。在该区域现存供热系统的结构示意图如图 5-10 所示，共有 1 个热力站，21 幢楼宇。从图 5-9 和图 5-10 可以看出热用户的分布较为分散且无序，所以对其进行合理的规划设计是非常必要的。根据所选区域的建筑位置和街道布局，对所选区域进行规划设计。

在明晰所研究算例区域供热系统的构成之后，还必须要知道其负荷情况及资源和气候情况，具体包括供热源、热力站、热用户以及当地的温度环境等情况。根据算例实际情况，当地供暖所采用的热源均为燃气锅炉，热力站目前主要是大型区域级热力站，在规划设计方面对热用户负荷需求情况的研究需要进行估算，本规划设计案例的研究是基于设计热负荷展开，故供热区域的热负荷根据当地市政工程建设标准规定

40.00W/m² 进行计算。当地的温度环境等情况是采用算例区域的历史数据。

图 5-9　案例区域供热系统地理信息示意图

图 5-10　案例区域供热系统现有结构图示

各热用户的热负荷需求见表 5-2，由于热用户的建筑楼型和高度不完全一样，因此热用户的热负荷也不完全一样，且其负荷的差距较大，最低热负荷为 125.40kW，而最高热负荷为 367.76kW。所选算例区域的温度环境等情况不仅会影响到热用户平均热负荷的大小，而且还会影响到规划设计中进一步考虑当地资源禀赋条件进而对智慧供热系统的二级网做进一步的优化。

表 5-2　　　　　　　　　　　　不同热用户的热负荷数据

热用户编号	热用户热负荷（kW）	热用户编号	热用户热负荷（kW）	热用户编号	热用户热负荷（kW）
B1	153.52	B8	366.80	B15	276.00
B2	179.12	B9	262.80	B16	367.44
B3	125.40	B10	341.60	B17	367.28
B4	314.00	B11	302.04	B18	301.76
B5	353.96	B12	302.00	B19	367.60
B6	353.92	B13	367.24	B20	367.76
B7	366.84	B14	367.20	B21	367.72

所研究算例地区为典型的北温带半湿润大陆性季风气候，四季分明且有较为充足的光照时间和强度。太阳能有两种技术可供选择，分别是太阳能光热利用和太阳能光伏发电再通过热泵或电锅炉转热进行利用。如果要用光伏发电技术，那么需要将电再转换为热从而实现供热，这就多了一步能量品位的转换，效率有所降低且成本也会提高，因此从初投入成本角度考虑采用太阳能集热进行供热。在太阳能集热的布置上，本文根据实际算例区域为居民建筑，最终采用在屋顶上布置太阳能集热器的方式。具体布置面积见表 5-3，从表中数据可以看出各个用热单元的屋顶面积除了少部分外均集中在 $330m^2$ 左右。

表 5-3　　　　　　　　　　　　不同热用户的屋顶面积

热用户编号	热用户屋顶面积（m²）	热用户编号	热用户屋顶面积（m²）	热用户编号	热用户屋顶面积（m²）
B1	319.83	B8	327.51	B15	328.57
B2	319.86	B9	328.50	B16	328.07
B3	216.25	B10	328.46	B17	327.93
B4	523.33	B11	328.31	B18	328.00
B5	327.74	B12	328.28	B19	328.21
B6	327.71	B13	327.89	B20	328.36
B7	327.54	B14	327.85	B21	328.32

分布式太阳能集热可以输出的能量与当地的太阳能辐射强度具有较大的关系，研究算例区域供暖季太阳辐射强度小时均值数据热力图，如图 5-11 所示，该地区的太阳能资源相对丰富，其平均太阳能辐射强度可以达到 $113.97W/m^2$，最大太阳辐射强度可以达到 $849.17W/m^2$。

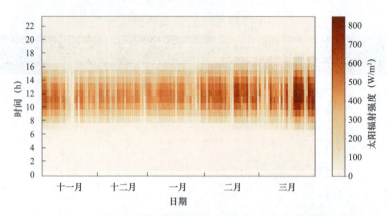

图 5-11   区域供暖季太阳辐射强度小时均值数据热力图

5.2.4   分布式太阳能供热系统的性能分析

1. 优化结果

运用层次聚类方法对所研究案例进行计算，以选择合适的聚类数量，然后根据前文描述的可能位置来确定热力站位置。最终筛选出除原有方案外共 13 种可行的配置方案。除此之外，还增加了一种不考虑热源实际可行位置条件限制的供热方案（即在新规划区域有可能采用）以及原有的供热方案。因此，本文研究的二级网配置方案共包括 15 个方案。根据前文所述的建模和优化方法，计算不同配置方案，最终得到了不同配置方案下的优化结果，整理后得到不同配置及其所对应的热力站个数、热力站年折算成本、管网年折算成本、热损失年折算成本、差别年折算成本（前三项之和）以及配置方案系统的粒度，具体见表 5-4。现有的方案是 1、15 号是不考虑热源实际可行位置条件而采用的供热方案。

表 5-4   优化配置方案结果

配置方案编号	热力站个数	热力站年折算成本（元）×10⁴	管网年折算成本（元）×10⁴	热损失年折算成本（元）×10⁴	差别年折算成本（元）×10⁴	G（%）
1	1	9.67	21.18	8.98	39.83	0.43
2	2	14.08	14.63	6.20	34.92	1.14
3	2	14.08	13.77	5.84	33.69	1.11
4	2	14.08	14.11	5.98	34.17	1.35
5	2	14.08	14.35	6.09	34.52	1.97
6	4	20.49	9.10	3.86	33.44	3.85
7	4	20.51	9.15	3.88	33.55	4.10

续表

配置方案编号	热力站个数	热力站年折算成本（元）×10⁴	管网年折算成本（元）×10⁴	热损失年折算成本（元）×10⁴	差别年折算成本（元）×10⁴	G（%）
8	4	20.47	8.55	3.63	32.65	4.26
9	4	20.48	8.60	3.65	32.73	5.97
10	4	20.49	9.15	3.88	33.52	5.56
11	4	20.47	9.21	3.90	33.58	5.88
12	6	25.31	6.33	2.68	34.33	11.06
13	6	25.31	6.45	2.74	34.50	10.77
14	7	27.39	5.84	2.48	35.71	14.58
15	10	33.43	3.21	1.36	38.01	22.22

根据上述计算结果我们发现与前文提出粒度分析方法而不能用热力站数量来衡量二级网规模及热量在空间供需分布情况相一致，仅用热力站的个数是不足以衡量智慧供热系统二级网的规模及热量在空间供需分布情况，因为系统的热量在空间供需分布情况还受到其具体拓扑结构的影响。

根据上述计算结果，对结果进行处理，分别拟合出各项指标与供热系统粒度之间的关系，从而来证明粒度分析方法在进行供热系统规划过程中的有效性和工程意义。具体拟合结果如图5-12~图5-15所示。从图中可以得出，各项指标与粒度之间有较好的拟合优度（均大于0.90），说明粒度指标可以间接表征系统的其他各项指标。随着智慧供热系统二级网粒度的增加，单位供热面积热力站年折算成本逐渐增加、单位供热面积管网年折算成本逐渐降低、单位供热面积热损失年折算成本逐渐降低、差别年折算成本先迅速降低后缓慢增加以及系统的调控不稳定性逐渐降低。具体地，当粒度值从0.43%增加至4.26%时，其热力站年折算成本从96672.22元增加至204742.01元、管网年折算成本从211829.16元降低至85496.72元、热损失年折算成本从90946.06元降低至36262.92元、合计差别年折算成本从398347.44元降低至326501.65元以及调控不稳定性从9.63%降低至3.73%。

究其原因，与本文所定义的粒度思想一致，供热系统二级网粒度越大，代表供热系统的单个二级网规模越小，供热更加精细化，以及最终可以满足热用户灵活的用热需求，所以对应地会有上述计算结果，而如何确定最佳的供热粒度范围则是将粒度作为定量化指标进行研究的目的。

从技术经济性的角度来讨论粒度分析方法的有效性，当粒度变大单个二级网规模

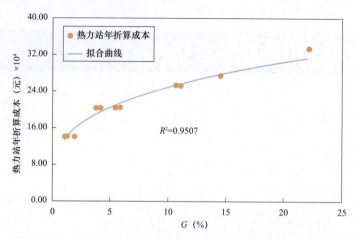

图 5-12 粒度与单位供热面积热力站年折算成本的关系

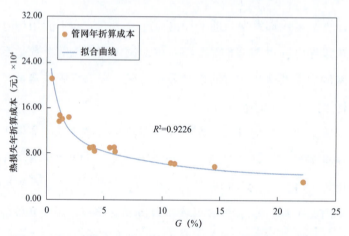

图 5-13 粒度与单位供热面积管网年折算成本的关系

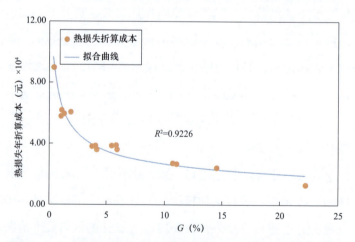

图 5-14 粒度与单位供热面积热损失年折算成本的关系

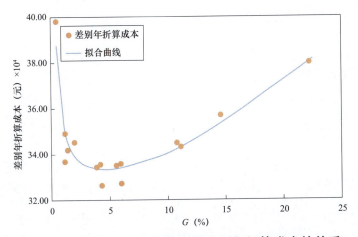

图 5-15　粒度与单位供热面积差别年折算成本的关系

更小时，需要的二级网数量更多，而由于每个系统都需要各个系统的各种配套设施，因此这些系统的热力站建设成本较高。随着粒度的增大，热用户到热力站的平均距离减小，管网的投资和管网的热损失减少。具体来看，当粒度从 0.43% 增加至 4.26% 时，管道的初始投资和热损失成本将降低 59.64%，占总差别成本的比例更大，因而总差别年折算成本逐渐降低；当粒度从 4.26% 增加至 22.22% 时，对管道的初始投资和热损失成本将继续降低 25.21%，然而，此时热力站成本增加值所占比例更大，因而总差别年折算成本逐渐增加，最终总差别年折算成本随着粒度的增加呈现而先减少后增长的趋势，如图 5-16 所示，在技术经济性方面进行粒度分析方法的目的是优化找到热力站成

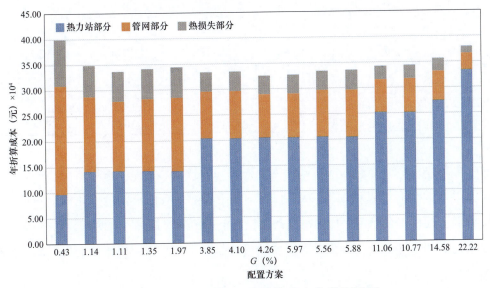

图 5-16　不同方案的年折算成本分类别比较

低碳智慧供热工程技术

本、管网成本和热损失成本之和的最优解。对比现有方案，总差别年折算成本可以降低 18.03%。

2. 太阳能消纳分析

根据逐个热用户的屋顶面积以及采暖季的太阳辐射强度，太阳能集热器的最大可供热的热量可以计算出来，即

$$Q_{r,i}=A_i \cdot s_i \cdot \eta_i \qquad (5\text{-}47)$$

式中：$Q_{r,i}$ 为热用户 i 的太阳能集热的热功率，kW；A_i 为热用户 i 的太阳能集热的最大可供面积，m^2；s_i 为热用户 i 的瞬时太阳能辐射强度，W/m^2；η_i 为热用户 i 的太阳能集热器的集热效率，%，目前技术上常用 0.30。

以采暖季的太阳能辐射强度数据为例，可以计算得出各个分布式太阳能集热模块的最大平均供热负荷，通过各个建筑物的可布置太阳能集热面积以及其太阳辐射强度，可以计算得到其平均在一个采暖季内的平均功率，又结合各个热用户的平均额定热负荷功率，可以计算得到各个建筑的太阳能集热可以替代原有热源的供热比例，具体计算结果见表 5-5。

表 5-5　　　　　不同热用户太阳能供热最大可替代比例

热用户编号	最大替代比例（%）	热用户编号	最大替代比例（%）	热用户编号	最大替代比例（%）
B1	7.12	B8	3.05	B15	4.07
B2	6.11	B9	4.27	B16	3.05
B3	5.90	B10	3.29	B17	3.05
B4	5.70	B11	3.72	B18	3.72
B5	3.17	B12	3.72	B19	3.05
B6	3.17	B13	3.05	B20	3.05
B7	3.05	B14	3.05	B21	3.05

从表数据可以看出不同建筑之间太阳能供热的替代比例有一定的差距，最低可以达到 3.05%，最高可以达到 7.12%，可以为实现供热系统的清洁低碳化做出一定的贡献。针对上述以安全稳定运行为前提条件，对上述不同建筑进行计算，最后得到 15 个根据粒度分析方法优化得到的配置方案的供热系统中的最大可再生能源消纳率，具体计算结果见表 5-6。

表 5-6　　不同配置方案下智慧供热系统二级网最大可再生能源消纳率

配置方案编号	最大可再生能源消纳率（%）	配置方案编号	最大可再生能源消纳率（%）	配置方案编号	最大可再生能源消纳率（%）
1	84.34	6	85.09	11	85.05
2	84.35	7	85.05	12	87.66
3	84.35	8	85.05	13	87.66
4	84.35	9	85.05	14	87.38
5	84.35	10	85.09	15	92.35

从表 5-6 数据可以看出不同配置方案下的智慧供热系统二级网中的最大可再生能源消纳率有所区别，整体上呈现阶梯式增加，即方案 1 ~ 5 的差距很小，而其与 6 ~ 10 的差距相对较大。这与所研究算例的特性相关，即从表 5-6 中可以看出部分热用户的最大可再生能源替代比例均比较近似。其拟合曲线如图 5-17 所示，从图中可以看出，整体上随着配置方案系统二级网粒度值的增加，其最大可再生能源消纳率也逐渐增加，并且两者具有较高的拟合优度，随着粒度值从 0.43% 增加到 22.22%，其方案对应的最大可再生能源消纳率也从 84.34% 增加到 92.35%，可再生能源消纳率增长了 8.01%。同样可以推测出，当所研究系统内的热用户之间特性相差较大时，供热系统内热用户的灵活性可以更多被利用，因此粒度分析方法对于可再生能源消纳的指导作用将更加显著。

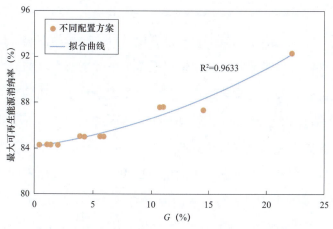

图 5-17　最大可再生能源消纳率与不同配置方案粒度值的关系

3. 储热配置优化分析及技术经济性计算评估

（1）储热配置优化分析。储热的作用主要是降低由于太阳能自身功率的不稳定性带来的对供热系统造成过供的问题，对储热模块的容量进行优化配置的前提是尽可能充分发挥系统主动型供热源自身的调节能力，尽可能减少储热模块的利用，降低系统的投资成本。

根据前文对储热系统作用的介绍，我们以算例区域某一采暖季稳定运行阶段 12 月 09 日至 2 月 26 日的实际运行数据为例，对其进行优化计算。在优化之前给出各部分的情况：包括主动供热源（即热力站）的最大功率容量、最小功率容量以及爬坡功率；算例区域某一采暖季的热用户热负荷需求；太阳能集热的功率以及储热系统储热效率、放热效率以及自放热系数。具体值根据选定的设备给出，见表 5-7，其中 Q 为采暖季稳定运行阶段热用户的平均热负荷。

表 5-7　　　　　　　　主动热源及储热设备的技术参数

设备类型	参数	单位	相对值比值
主动供热源	额定功率	kW	Q
	爬坡功率	kW/h	$0.1Q$
	最大功率	kW	$1.3Q$
	最小功率	kW	$0.7Q$
储热设备	自放热系数	%/h	0.2
	储热效率	%	98.0
	放热效率	%	98.0

以满足热用户热负荷需求场景下，充分利用可再生能源为前提，尽可能发挥主动热源自身的调节性能，以满足热量供给情况下整个采暖季所需求的最小储热容量为目标。具体对不同配置方案下各个热用户在最大太阳能集热接入比例下的场景优化计算其储热设备满足要求的最小容量，使用 Gurobi 求解器在 Python3.8 环境中进行优化求解。储热设备是配置在主动供热端位置的，所以优化应该围绕单个热力站中太阳能集热系统接入率不同而展开。根据第三章优化得到的结果，筛选出不同粒度范围内的方案经过优化，设置了四个不同的可再生能源消纳率，分别为 0%（方案一，未布置储热）、25%（方案二）、50%（方案三）以及 75%（方案四），具体分别对 1、3、8、12 以及 15 下的二级网粒度结构配置方案下方案二、方案三以及方案四进行储热容量配置优化，储热容量配置结果如表 5-8 所示。

表 5-8   不同可再生能源消纳方案下储热容量

粒度（%）	方案二储热容量（MW·h）	方案三储热容量（MW·h）	方案三储热容量（MW·h）
0.43	12.15	14.95	17.75
1.11	12.18	14.97	17.77
4.26	14.07	16.13	18.26
11.06	16.19	18.34	20.84
22.22	18.52	20.47	22.76

　　表 5-8 针对不同配置方案粒度范围场景下的不同可再生能源消纳率方案的储热配置容量进行优化计算，整体上随着粒度值从 0.43% 增加到 22.22%，其在相同可再生能源消纳比例下的储热容量配置也逐渐增加，当可再生能源消纳率为 25% 时，储热配置容量从 12.15MW·h 增加至 18.52MW·h。这是由于随着粒度的增大，二级网的精细化程度更高，单个二级网的规模整体上越小，需要布置的储热模块更加分散，整体上需要的储热容量更高以适应小系统的变化，但是这需要更高的二级网自身调节能力。

　　除此之外，还有一个趋势是消纳单位可再生能源所需要的储热配置容量也发生变化，随着可再生能源消纳率的增加，需要配置的储热比例逐渐降低，如图 5-18 所示为在不同粒度、不同方案下消纳可再生能源所需配置的储热容量比例变化。

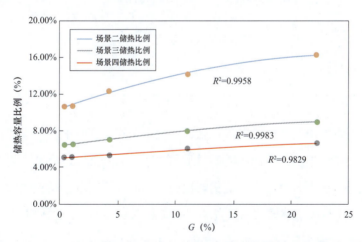

图 5-18　不同方案下粒度值与单位可再生能源储热配置关系图

　　从图 5-18 可以看出，随着可再生能源消纳率的增大，无论在何种粒度范围下，需要配置的储热容量比例均降低，且随着粒度值的增大，其配置容量比例下降更多即储热配置容量比例的增长更加缓慢。举例而言，当粒度为 1.11% 时，可再生能源消纳率取 25%、50% 和 75% 时，计算得到储热配置容量比例分别为 10.75%、6.61% 和

5.23%；而当粒度为 11.06% 时，可再生能源消纳率分别取 25%、50% 和 75% 时，计算得到储热配置容量比例为 14.30%、8.10% 和 6.13%。

究其原因，在更大的粒度情况下，由于储热布置更加分布，二级网中热用户可以实现更高的灵活性；而随着粒度值的增大，当可再生能源消纳率增加时，由于二级网中热用户可以实现更高灵活性，这时虽然可再生能源的消纳率增加较大，但是仍可以通过较小的储热配置容量增长幅度来实现可再生能源的完全消纳。

（2）供热系统技术经济性计算评估。太阳能供热系统的接入，一方面可以降低对主热源的用热需求量，从而减少对主热源的依赖，降低了用热成本；但是另一方面由于太阳能供热系统的接入造成了设备成本等固定初投资的增加。在上部分对储热配置容量进行优化的过程中也可得出系统中主动供热源的逐时平均功率，各个配置方案的计算结果见表 5-9。

表 5-9 不同粒度下不同方案的主热源逐时平均功率

粒度（%）	方案二主热源逐时平均功率（kW·h）	方案三主热源逐时平均功率（kW·h）	方案四主热源逐时平均功率（kW·h）
0.43	5646.85	5590.88	5540.38
1.11	5646.71	5599.67	5537.98
4.26	5654.54	5606.72	5563.45
11.06	5648.78	5593.15	5540.36
22.22	5660.08	5607.07	5551.68

从表 5-9 可以看出，整体上随着粒度的增大，主热源逐时平均功率变化不大。随着可再生能源消纳率的增加，主热源的逐时平均功率逐渐降低，这有助于能耗的降低。除此主要因素之外，还需要考虑太阳能集热模块（其中折算成本包括集热板、水箱、循环水泵以及管道等）以及储热模块的投资及维护成本，参照文献中的数据，见表 5-10。

表 5-10 不同模块投资及维护成本折算

设备类型	设备参数	数值
太阳能集热模块	折算成本	500.00 元 /m²
	可使用年限	15 年
	折现率	8.00%

续表

设备类型	设备参数	数值
	投资成本	50.00 元 / (kW·h)
储热设备模块	维护费用	0.013 元 / (kW·h·年)
	可使用年限	15 年
	折现率	8.00%

对上述数据进行计算和处理，可以得到不同粒度下针对不同可再生能源消纳率方案下的年折算总成本计算结果（场景一）。同时，以能源价格分别增加5%（场景二）、10%（场景三）和15%（场景四）为例进一步分析了不同粒度场景下不同可再生能源消纳率情况下的智慧供热系统的年折算总成本，探讨了智慧供热系统的能源价格敏感性这一关键因素，具体计算结果如图 5-19 所示。

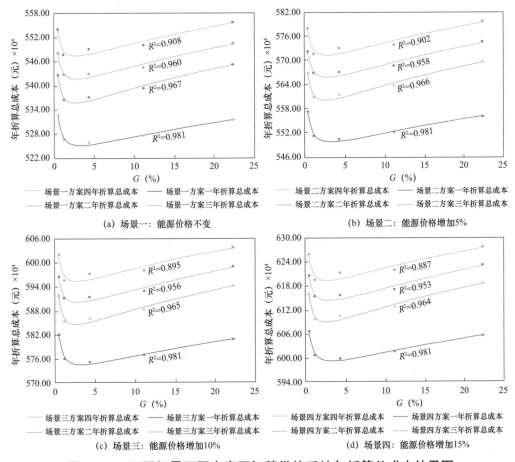

图 5-19 不同场景不同方案下智慧供热系统年折算总成本结果图

从图中可以看出在可再生能源接入的场景下，无论能源价格增长幅度大小，年折算总成本均呈现先降低后增加的趋势，在合适的粒度情况下，智慧供热系统可以实现最优的技术经济性；而在相同的场景下，随着可再生能源接入比例的增加，供热系统整体的年折算总成本增加，这主要是由于太阳能集热模块以及储热模块的布置而增加的系统总成本大于因可再生能源接入造成的能源成本的降低，也就是目前采用可再生能源供热的成本仍旧大于传统能源。当粒度为 4.26% 时，场景一中可再生能源消纳率为 75% 时年折算总成本相比于可再生能源消纳率为 25% 时增加了 11.97 万元；场景二中可再生能源消纳率为 75% 时年折算总成本相比于可再生能源消纳率为 25% 时增加了 11.57 万元；场景三中可再生能源消纳率为 75% 时年折算总成本相比于可再生能源消纳率为 25% 时增加了 11.18 万元；场景四中可再生能源消纳率为 75% 时年折算总成本相比于可再生能源消纳率为 25% 时增加了 10.78 万元。对比没有可再生能源接入的方案，当粒度为 4.26% 时，场景一的可再生能源消纳率为 75% 时需要多投入 23.31 万元，而场景四仅需多投入 21.42 万元，从技术经济性的角度而言，能源价格的增加有助于高比例可再生能源接入场景下经济效益的体现。

各项年折算成本如图 5-20 所示，其中供热成本占比最多达到了 85.00% 以上，而储热成本的占比最小。随着可再生消纳率的增加，太阳能集热成本也逐渐增加，且当消纳率为 75% 时基本与原规划的建设成本持平。但是由于供热成本占比最大，所以当能源价格增加时，高比例消纳可再生能源的供热系统其优势将逐渐显现出来。

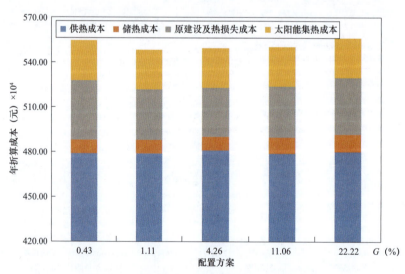

图 5-20　场景一方案四各项年折算成本

参考文献

［1］清洁供热产业委员会 . 中国清洁供热产业发展报告［M］. 北京：中国经济出版社，2022：25–40.

［2］清华大学建筑节能研究中心 . 中国建筑节能年度发展研究报告：2019［M］. 北京：中国建筑工业出版社，2019.

［3］英国石油公司 . bp 世界能源统计年鉴［M］. bp 中国，2021：10–15.

［4］Papakonstantinou N，Savolainen J，Koistinen J，et al. District heating temperature control algorithm based on short term weather forecast and consumption predictions［C］. IEEE International Conference on Emerging Technologies & Factory Automation. IEEE，2016.

［5］Wang D，Zhi Y Q，Jia H J，et al. Optimal scheduling strategy of district integrated heat and power system with wind power and multiple energy stations considering thermal inertia of buildings under different heating regulation modes［J］. Applied Energy，2019，240：341–358.

［6］李琦，李梅 . PSO 优化在供热网络控制中的应用研究［J］. 计算机仿真，2013，30（12）：294–297.

［7］清华大学建筑节能研究中心 . 中国建筑节能年度发展研究报告［M］. 北京：中国建筑工业出版社，2018.

［8］钟崴，陆烁玮，刘荣 . 智慧供热的理念、技术与价值［J］. 区域供热，2018（02）：1–5.

低碳智慧供热工程技术

［9］钟崴，郑立军，俞自涛，等．基于"数字孪生"的智慧供热技术路线［J］．华电技术，2020，42（11）：1-5.

［10］吕凯文．多源互补城市供热系统负荷调度实时优化研究［d］．浙江大学，2018.

［11］Barrett S. Coordination vs. voluntarism and enforcement in sustaining international environmental cooperation［J］. Proceedings of the National Academy of Sciences, 2016, 113（51）: 14515-14522.

［12］ECIU（Energy and Climate Intelligence Unit）. Net Zero Tracker［EB/OL］. 2021. https: //eciu.net/netzerotracker.

［13］Zou C, He D, Jia C, et al. Connotation and pathway of world energy transition and its significance for carbon neutral［J］. Acta Petrolei Sinica, 2021, 42（2）: 233-247.

［14］IRENA. Renewable energy and jobs: annual review 2020［M］. International Renewable Energy Agency, Abu Dhabi, 2020.

［15］Zhang Y, Chao Q, Chen Y, et al. China's carbon neutrality: Leading global climate governance and green transformation［J］. Chinese Journal of Urban and Environmental Studies, 2021, 9（03）: 2150019.

［16］South D, Vangala S, Hung K. The Biden Administration's Approach to Addressing Climate Change［J］. Climate and Energy, 2021, 37（9）: 8-18.

［17］European Commission. An EU-wide climate law. 2021. https: //ec.europa.eu/clima/policies/eu-climate-law_en.

［18］European Commission. Roadmap for moving to a competitive low carbon economy, accessed 2020.https: //ec.europa.eu/clima/sites/clima/files/strategies/2050/docs/roadmap.

［19］Salvia M, Reckien D, Pietrapertosa F, et al. Will climate mitigation ambitions lead to carbon neutrality? An analysis of the local-level plans of 327 cities in the EU［J］. Renewable and Sustainable Energy Reviews, 2021, 135: 110253.

［20］Zhou W. The EU'S path to becoming carbon neutral, accessed 27 January 2021. http: //www.jjckb.cn/2021-01/27/c_139700144.htm.

［21］Sami A. Japan to announce carbon neutral target by 2050. 2021. https: //www.unenvironment.org/news-and-stories/story/japan-announce-carbon-neutral-target-2050.

［22］Ritchie H，Roser M. CO_2 and Greenhouse Gas Emissions［EB/OL］. 2020. https：//ourworldindata.org/co2–and–other–greenhouse–gas–emissions.

［23］国务院办公厅.《能源发展战略行动计划》. 2014，10. http：//www.gov.cn/zhengce/content/2014–11/19/content_9222.htm.

［24］上海市国家发展和改革委员会.《上海市实施能源发展战略纲要的若干条规定》. 2015，2.

［25］福建省人民政府.《福建省实施节能与新能源发展战略行动计划》. 2014，6. http：//fujian.gov.cn/zwgk/zxwj/szfwj/202206/t20220617_5932061.htm.

［26］前瞻产业研究院. 2023–2028 年中国余热发电行业市场前瞻与投资战略规划分析报告，2023.

［27］清华大学建筑节能研究中心. 中国建筑节能年度发展研究报告［M］. 北京：中国建筑工业出版社，2023：176–212.

［28］Wang C，He B，Yan L，et al. Thermodynamic analysis of a low–pressure economizer based waste heat recovery system for a coal–fired power plant［J］. Energy，2014，65：80–90.

［29］Li Z，He X，Wang Y，et al. Design of a flat glass furnace waste heat power generation system［J］. Applied thermal engineering，2014，63（1）：290–296.

［30］Quoilin S，Declaye S，Tchanche B F，et al. Thermo–economic optimization of waste heat recovery Organic Rankine Cycles［J］. Applied thermal engineering，2011，31（14–15）：2885–2893.

［31］李时宇. 地热发电技术简介及某地热项目评估［J］. 电站系统工程，2016，32（2）：75–76+79.

［32］自然资源部中国地质调查局，中国地热能发展报告，2018.

［33］Zhu J，Hu K，Lu X，et al. A review of geothermal energy resources，development，and applications in China：Current status and prospects［J］. Energy，2015，93：466–483.

［34］LIANG B，CHEN M，OROOJI Y. Effective parameters on the performance of ground heat exchangers：A review of latest advances［J/OL］. Geothermics，2022，98：102283.

［35］ZHOU T，XIAO Y，LIU Y et al.. Research on cooling performance of phase change material–filled earth–air heat exchanger［J/OL］. Energy Conversion and Management，2018，177：210–223.

［36］同济大学数学系．工程数学线性代数．北京：高等教育出版社，2014．

［37］卢鹏，王锡淮，肖健梅．基于粗糙集和图论的电力系统故障诊断方法［J］．控制与决策，2013（4）：511-516．

［38］许鹏．集中供热网建模及仿真研究［D］．大连理工大学，2005．

［39］孟国影．燃气热水锅炉控制系统的应用研究［D］．天津理工大学，2014．

［40］高媛．非支配排序遗传算法（NSGA）的研究与应用［D］．浙江大学，2006．

［41］S Ronghua, Z Yongjie, H Chaoxu, L Yang, J Licheng. Distance Computation based NSGA-Ⅱ for Multi-objective Optimization［J］http：//www.paper.edu.cn.

［42］高伟明．萤火虫算法的研究与应用［D］．兰州大学，2013．

［43］高媛．非支配排序遗传算法（NSGA）的研究与应用［D］．浙江大学，2006．

［44］GUO Y, WANG J, CHEN H, et al. Machine learning-based thermal response time ahead energy demand prediction for building heating systems［J］. Applied Energy, 2018, 221: 16-27.

［45］LI X, ZHAO T, ZHANG J, et al. Predication control for indoor temperature time-delay using Elman neural network in variable air volume system［J］. Energy and buildings, 2017, 154: 545-552.

［46］李明超．电厂热力系统稳态建模仿真软件开发及应用［D］．浙江大学，2020．

［47］李胜男，谭鹏，饶德备等．融合数据与机理的燃煤发电机组协调系统建模［J］．工程热物理学报，2022，43（01）：19-26．

［48］北京市人民政府．《北京市"十四五"时期供热发展建设规划》［EB/OL］. https：//www.beijing.gov.cn/zhengce/zhengcefagui/202208/t20220808_2787726.html.

［49］张臣刚．两例尖峰锅炉配置方案对某小型堆热电联产的影响［J］．科技视界，2017（33）：89-90．

［50］王子杰，顾煜炯，刘浩晨，等．热电联产机组热电解耦技术对比分析［J］．化工进展，2022，41（07）：3564-3572．

［51］左启尧，唐震，李慧勇，等．电网调峰背景下汽轮机低压缸零出力技术现状综述［J］．发电技术，2022，43（04）：645-654．

［52］国家发展和改革委员会．北方地区冬季清洁取暖规划（2017—2021年）．

［53］柳文洁．热水蓄热罐在热电联产供热系统中的应用研究［D］．哈尔滨工业大学，2016．

［54］初泰青，王钰森，庞开安，等.高温熔融盐储热技术常见材料分析［J］.沈阳工程学院学报（自然科学版），2018，14（01）：91-96.

［55］赵倩，王俊勃，宋宇宽，等.熔融盐高储热材料的研究进展［J］.无机盐工业，2014，46（11）：5-8.

［56］国家发展和改革委员会、国家能源局."十四五"新型储能发展实施方案.

［57］贺明飞，王志峰，原郭丰，等.水体型太阳能跨季节储热技术简介［J］.建筑节能（中英文），2021，49（10）：66-70.

［58］张辉.跨季节地埋管储热系统的特性研究［D］.华北电力大学（北京），2021.DOI：10.27140.

［59］王会，王诗卉，李振山，等.氧化还原储热技术的研究现状及进展［J］.中国电机工程学报，2019，39（21）：6309-6320.

［60］翁立奎，张叶龙，姜琳，等.基于水合盐的热化学吸附储热技术研究进展［J］.储能科学与技术，2020，9（06）：1729-1736.

［61］李刚，屈悦，别玉，等.相变储热围护结构的建筑节能与热舒适性研究［J］.工程技术研究，2022，7（12）：23-25.

［62］夏晴晴.基于"双碳"目标下的零碳建筑相关思考［J］.房地产世界，2022（19）：23-25.

［63］王士博.零碳供能建筑电—氢—热—冷双层能量管理方法［D］.东北电力大学，2022.

［64］武中，李强，徐红涛.供暖领域电能替代效益分析［J］.浙江工业大学学报，2015，43（05）：508-511.

［65］国家能源局.关于推进电能替代的指导意见［EB/OL］.（2016-05-25）［2022-04-04］.http://www.nea.gov.cn/2016-05/25/c_135387453.htm.

［66］于海波，陈景琪，刘强，等.电能替代行业现状分析与建议［J］.电力需求侧管理，2020，22（03）：2-7.

［67］刘振亚.实现碳达峰、碳中和的根本途径［J］.电力设备管理，2021（03）：20-23.

［68］张亦弛.北方地区小城镇清洁取暖技术路线研究［D］.清华大学，2019.

［69］曾欢.京津冀农村地区电能替代的技术经济分析及政策研究［D］.华北电力大学，2017.

［70］邵晨.华北农村"煤改电"供暖方案设计及配网规划研究［D］.河北农业大学，2020.

［71］崔屹峰，李珍国，杨金庆，等.考虑需求差异的户用蓄热式电采暖优化运行策略［J］.电力系统自动化，2021，45（07）：116-122.

［72］姜继恒，乔颖，鲁宗相.风电供暖提升可再生能源电力系统消纳能力的概率评价方法［J］.可再生能源，2020，38（06）：791-797.

［73］杨秋霞，支成，袁冬梅，等.基于启停电锅炉与储热装置协调供热的风电消纳低碳经济调度［J］.太阳能学报，2020，41（09）：21-28.

［74］汪靖凯.石墨烯基电热膜室内采暖应用研究［D］.西安建筑科技大学，2021.

［75］姚登科.煤改电中空气源热泵供暖方案的优化研究［D］.北京建筑大学，2019.

［76］Ma H, Li C, Lu W, et al. Experimental study of a multi-energy complementary heating system based on a solar-groundwater heat pump unit［J］. Applied Thermal Engineering, 2016, 109: 718-726.

［77］Simon F, Ordoñez J, Reddy T A, et al. Developing multiple regression models from the manufacturer's ground-source heat pump catalogue data［J］. Renewable energy, 2016, 95: 413-421.

［78］Chua K J, Chou S K, Yang W M. Advances in heat pump systems: A review［J］. Applied energy, 2010, 87（12）: 3611-3624.

［79］Wallace W D, Spielvogel L G. Field performance of steam and hot water electric boilers［J］. IEEE Transactions on industry applications, 1974(6): 761-769.

［80］刘锦.直流式固体蓄热电锅炉的开发与实验［D］.河北建筑工程学院，2020.

［81］Akhtari M R, Shayegh I, Karimi N. Techno-economic assessment and optimization of a hybrid renewable earth-air heat exchanger coupled with electric boiler, hydrogen, wind and PV configurations［J］. Renewable Energy, 2020, 148: 839-851.

［82］Nielsen M G, Morales J M, Zugno M, et al. Economic valuation of heat pumps and electric boilers in the Danish energy system［J］. Applied Energy, 2016, 167: 189-200.

［83］王维，吴建泽，金盈利，等.河水源热泵与蓄热电锅炉联合供暖系统研究［J］.节能技术，2021，39（03）：217-220.

［84］陈尔健，贾腾，姚剑，等.太阳能空调与热泵技术进展及应用［J］.华电技术，

2021, 43（11）：40–48.

［85］ 李晓晨 . 基于边缘计算的电锅炉系统控制技术研究［D］. 大连理工大学，2021.

［86］ 刘永成 . 基于弃风特性的风电供热配置方案研究［D］. 大连理工大学，2018.

［87］ 范帅，郏琨琪，郭炳庆，等 . 分散式电采暖负荷协同优化运行策略［J］. 电力系统自动化，2017，41（19）：20–29.

［88］ Zhang W, Lian J, Chang C Y, et al. Aggregated modeling and control of air conditioning loads for demand response［J］. IEEE transactions on power systems, 2013, 28（4）: 4655–4664.

［89］ 邓宇鑫，王磊，李扬，等 . 温控负荷直接负荷控制策略与优化调度［J］. 电力系统及其自动化学报，2015，27（6）：18–25.

［90］ 郭占伍，张泽亚，周兴华，等 . 考虑气象因素的电采暖负荷预测研究［J］. 电测与仪表，2022，59（02）：154–158.

［91］ 黄亚峰，朱玉杰，穆钢，等 . 基于温度预报的户用电采暖负荷可调节能力评估［J］. 电网技术，2018，42（8）：2487–2493.

［92］ Lu N. An evaluation of the HVAC load potential for providing load balancing service［J］. IEEE Transactions on Smart Grid, 2012, 3（3）: 1263–1270.

［93］ Shao S, Pipattanasomporn M, Rahman S. Development of physical–based demand response–enabled residential load models［J］. IEEE Transactions on power systems, 2012, 28（2）: 607–614.

［94］ 吕泉，李玲，朱全胜，等 . 三种弃风消纳方案的节煤效果与国民经济性比较［J］. 电力系统自动化，2015（7）：75–83.

［95］ 齐振宇 . 基于风电 / 气 / 储综合能源利用的居民园区供暖系统［D］. 合肥工业大学，2019.

［96］ Pu L, Wang X, Tan Z, et al. Feasible electricity price calculation and environmental benefits analysis of the regional nighttime wind power utilization in electric heating in Beijing［J］. Journal of Cleaner Production, 2019, 212: 1434–1445.

［97］ Shui Y, Gao H, Wang L, et al. A data–driven distributionally robust coordinated dispatch model for integrated power and heating systems considering wind power uncertainties［J］. International Journal of Electrical Power & Energy Systems, 2019, 104: 255–258.

［98］ Pirmohamadi A, Dastjerdi S M, Ziapour B M, et al. Integrated solar thermal systems in smart optimized zero energy buildings: Energy, environment and economic assessments ［J］. Sustainable Energy Technologies and Assessments, 2021, 48: 101580.

［99］ Hemmati M, Mirzaei M A, Abapour M, et al. Economic-environmental analysis of combined heat and power-based reconfigurable microgrid integrated with multiple energy storage and demand response program ［J］. Sustainable Cities and Society, 2021, 69: 102790.

［100］ Geidl M, Koeppel G, Favre-Perrod P, et al. Energy hubs for the future ［J］. IEEE power and energy magazine, 2006, 5 (1): 24-30.

［101］ Wasilewski J. Integrated modeling of microgrid for steady-state analysis using modified concept of multi-carrier energy hub ［J］. International Journal of Electrical Power & Energy Systems, 2015, 73: 891-898.

［102］ Palensky P, Widl E, Elsheikh A. Simulating cyber-physical energy systems: Challenges, tools and methods ［J］. IEEE Transactions on Systems, Man, and Cybernetics: Systems, 2013, 44 (3): 318-326.

［103］ 马腾飞, 吴俊勇, 郝亮亮, 等. 基于能源集线器的微能源网能量流建模及优化运行分析 ［J］. 电网技术, 2018, 42 (1): 179-186.

［104］ 陈丽萍, 林晓明, 许苑, 等. 基于能源集线器的微能源网建模与多目标优化调度 ［J］. 电力系统保护与控制, 2019, 47 (6): 9-16.

［105］ 陈皓勇, 陈思敏, 陈锦彬, 等. 面向综合能源系统建模与分析的能量网络理论 ［J］. 南方电网技术, 2020, 14 (02): 62-74.

［106］ Stevanovic V D, Prica S, Maslovaric B, et al. Efficient numerical method for district heating system hydraulics ［J］. Energy Conversion and Management, 2007, 48 (5): 1536-1543.

［107］ 由世俊, 米雷洋, 王雅然, 等. 集中供热管网的非稳态水力建模与动态响应分析 ［J］. 天津大学学报: 自然科学与工程技术版, 2019, 52 (8): 849-856.

［108］ Abdi H, Beigvand S D, La Scala M. A review of optimal power flow studies applied to smart grids and microgrids ［J］. Renewable and Sustainable Energy Reviews, 2017, 71: 742-766.

［109］ 刘斯斌. 工业园区多能流系统动态分析与运行调度优化 ［D］. 浙江大学, 2020.

［110］Quelhas A, Gil E, McCalley J D, et al. A multiperiod generalized network flow model of the US integrated energy system: Part I—Model description［J］. IEEE transactions on power systems, 2007, 22（2）: 829-836.

［111］Jiang X S, Jing Z X, Li Y Z, et al. Modelling and operation optimization of an integrated energy based direct district water-heating system［J］. Energy, 2014, 64: 375-388.

［112］Hao L, Xu F, Chen Q, et al. A thermal-electrical analogy transient model of district heating pipelines for integrated analysis of thermal and power systems［J］. Applied Thermal Engineering, 2018, 139: 213-221.

［113］陈彬彬, 孙宏斌, 尹冠雄, 等. 综合能源系统分析的统一能路理论（二）: 水路与热路［J］. 中国电机工程学报, 2020, 40（7）: 2133-2142.

［114］陈彬彬, 孙宏斌, 吴文传, 等. 综合能源系统分析的统一能路理论（三）: 稳态与动态潮流计算［J］. 中国电机工程学报, 2020, 40（15）: 4820-4830.

［115］裴月猛. 综合能源系统动态仿真建模及运行策略分析［D］. 大连理工大学, 2021.

［116］金齐. 综合能源系统热电联合建模与风电消纳分析［D］. 大连理工大学, 2021.

［117］吴晨雨. 电热综合能源系统的建模及优化运行［D］. 东南大学, 2019.

［118］Afgan N H, Carvalho M G. Sustainability assessment of a hybrid energy system［J］. Energy Policy, 2008, 36（8）: 2903-2910.

［119］Holjevac N, Capuder T, Zhang N, et al. Corrective receding horizon scheduling of flexible distributed multi-energy microgrids［J］. Applied energy, 2017, 207: 176-194.

［120］胡康, 陈群. 集中供暖系统整体能效及灵活性改造方案分析［J］. 热力发电, 2018, 47（5）: 14-21.

［121］赵璞, 周满, 高建宇, 等. 基于电能替代的园区综合能源规划评价方法［J］. 中国电力, 2021, 54（04）: 130-140.

［122］王越. 区域综合能源系统可靠性评估及优化配置方法研究［D］. 天津大学, 2018.

［123］Van Beuzekom I, Hodge B M, Slootweg H. Framework for optimization of long-term, multi-period investment planning of integrated urban energy systems［J］. Applied Energy, 2021, 292: 116880.

［124］Ugwoke B, Sulemanu S, Corgnati S P, et al. Demonstration of the integrated rural energy planning framework for sustainable energy development in low–income countries: Case studies of rural communities in Nigeria［J］. Renewable and Sustainable Energy Reviews, 2021, 144: 110983.

［125］Arivalagan A, Raghavendra B G, Rao A R K. Integrated energy optimization model for a cogeneration based energy supply system in the process industry［J］. International Journal of Electrical Power & Energy Systems, 1995, 17（4）: 227–233.

［126］吴霖鑫. 基于消纳弃风的电制热－供热系统性能与经济性分析［D］. 华北电力大学（北京）, 2020.

［127］陆烁玮. 综合能源系统规划设计与智慧调控优化研究［D］. 浙江大学, 2019.

［128］李博文. 计及风光不确定性的电气热多类型储能协调规划研究［D］. 山东大学, 2021.

［129］Senemar S, Rastegar M, Dabbaghjamanesh M, et al. Dynamic structural sizing of residential energy hubs［J］. IEEE Transactions on Sustainable Energy, 2019, 11（3）: 1236–1246.

［130］崔全胜, 白晓民, 董伟杰, 等. 用户侧综合能源系统规划运行联合优化［J］. 中国电机工程学报, 2019, 39（17）: 4967–4981.

［131］张嘉睿, 陈晚晴, 张雅青, 等. 考虑配网功率约束及可靠供暖的园区蓄热式电采暖双层优化配置方法［J］. 全球能源互联网, 2021.

［132］沈欣炜, 郭庆来, 许银亮, 等. 考虑多能负荷不确定性的区域综合能源系统鲁棒规划［J］. 电力系统自动化, 2019, 43（7）: 34–41.

［133］Liu Y F, Zhao Y T, Chen Y W, et al. Design optimization of the solar heating system for office buildings based on life cycle cost in Qinghai–Tibet plateau of China. Energy, 2022. doi: 10.1016/j.energy.2022.123288.

［134］He Z Y, Farooq A S, Guo W M, et al. Optimization of the solar space heating system with thermal energy storage using data–driven approach. Renewable Energy, 2022, 190: 764–776.

［135］Huang J P, Fan J H, Furbo S. Demonstration and optimization of a solar district heating system with ground source heat pumps. Solar Energy, 2020, 202: 171–189.

［136］Liu Y F, Liu J R, Chen Y W, et al. Study of the thermal performance of a distributed solar heating system for residential buildings using a heat−user node model. Energy and Buildings, 2022. doi: 10.1016/j.enbuild.2021.111569.

[137] Feng G H, Wang G, Li Q Y, et al. Investigation of a solar heating system assisted by coupling with electromagnetic heating unit and phase change energy storage tank: Towards sustainable rural buildings in northern China. Sustainable Cities and Society, 2022. doi: 10.1016/j.scs.2021.103449.

[138] Huang J P, Fan J H, Furbo S, et al. Economic analysis and optimization of household solar heating technologies and systems. Sustainable Energy Technologies and Assessments, 2019. doi: 10.1016/j.seta.2019.100532.

[139] Huang J P, Fan J H, Furbo S, et al. Economic analysis and optimization of combined solar district heating technologies and systems. Energy, 2019. doi: 10.1016/j.enbuild.2021.111569.